Adil El Yadini

Photo-transformation du phénamiphos en milieu aqueux

Adil El Yadini

Photo-transformation du phénamiphos en milieu aqueux

Etude cinétique en photolyse et en photocatalyse

Presses Académiques Francophones

Impressum / Mentions légales
Bibliografische Information der Deutschen Nationalbibliothek: Die Deutsche Nationalbibliothek verzeichnet diese Publikation in der Deutschen Nationalbibliografie; detaillierte bibliografische Daten sind im Internet über http://dnb.d-nb.de abrufbar.
Alle in diesem Buch genannten Marken und Produktnamen unterliegen warenzeichen-, marken- oder patentrechtlichem Schutz bzw. sind Warenzeichen oder eingetragene Warenzeichen der jeweiligen Inhaber. Die Wiedergabe von Marken, Produktnamen, Gebrauchsnamen, Handelsnamen, Warenbezeichnungen u.s.w. in diesem Werk berechtigt auch ohne besondere Kennzeichnung nicht zu der Annahme, dass solche Namen im Sinne der Warenzeichen- und Markenschutzgesetzgebung als frei zu betrachten wären und daher von jedermann benutzt werden dürften.

Information bibliographique publiée par la Deutsche Nationalbibliothek: La Deutsche Nationalbibliothek inscrit cette publication à la Deutsche Nationalbibliografie; des données bibliographiques détaillées sont disponibles sur internet à l'adresse http://dnb.d-nb.de.
Toutes marques et noms de produits mentionnés dans ce livre demeurent sous la protection des marques, des marques déposées et des brevets, et sont des marques ou des marques déposées de leurs détenteurs respectifs. L'utilisation des marques, noms de produits, noms communs, noms commerciaux, descriptions de produits, etc, même sans qu'ils soient mentionnés de façon particulière dans ce livre ne signifie en aucune façon que ces noms peuvent être utilisés sans restriction à l'égard de la législation pour la protection des marques et des marques déposées et pourraient donc être utilisés par quiconque.

Coverbild / Photo de couverture: www.ingimage.com

Verlag / Editeur:
Presses Académiques Francophones
ist ein Imprint der / est une marque déposée de
OmniScriptum GmbH & Co. KG
Heinrich-Böcking-Str. 6-8, 66121 Saarbrücken, Deutschland / Allemagne
Email: info@presses-academiques.com

Herstellung: siehe letzte Seite /
Impression: voir la dernière page
ISBN: 978-3-8381-4791-8

Zugl. / Agréé par: Maroc, Université Mohammed V, Faculté des Sciences Rabat, 2013

Dr . EL YADINI Adil
Pr . El Hajjaji Souad

Titre

Photo-transformation du phénamiphos en milieu aqueux. Etude cinétique en photolyse et en photocatalyse.

Discipline

Chimie Physique

Spécialité

Matériaux et environnement

بسم الله الرحمن الرحيم

A cœur vaillant rien d'impossible
A conscience tranquille tout est accessible
Quand il y a la soif d'apprendre
Tout vient à point à qui sait attendre
Malgré les obstacles qui s'opposent
En dépit des difficultés qui s'interposent
Les études sont avant tout
Notre unique et seul atout
Ils représentent la lumière de notre existence
L'étoile brillante de notre réjouissance
Espérant des lendemains épiques
Un avenir glorieux et magique
Souhaitant que le fruit de nos efforts fournis
Jour et nuit, nous mènera vers le bonheur fleuri
Aujourd'hui, ici rassemblés auprès des jurys,
Nous prions Dieu que cette soutenance
Sera signe de persévérance
Et que nous serions enchantés
Par notre travail honoré.

Dédicace

Aucun mot ne pourrait exprimer des sentiments comme la gratitude, l'amour, le respect ou la reconnaissance. Je dédie cette thèse à ...

A mes très chers parents

Nul mot ne saurait exprimer à sa juste valeur le dévouement et le profond respect que je porte envers vous.

Rien au monde ne pourrait compenser tout ce que vous avez fait pour moi.

Que ce travail soit le témoignage de ma gratitude et de mon grand amour.

Que DIEU vous accorde, santé, bonheur et prospérité.

A ma sœur et A mon frère

Les mots ne suffisent guère pour exprimer l'attachement, l'amour et l'affection que je porte pour vous. Merci pour l'aide et le soutien que vous m'avez accordé.

Je vous prie de trouver dans ce travail l'expression ma profonde gratitude.

A toute ma famille

Je vous dédie ce travail avec toute mon affection et mon plus grand estime.

A tous mes amis

En souvenir de ces moments agréables passé ensembles, je vous prie de trouver dans ce travail l'expression de mon estime et mon profond respect.

Une dédicace spéciale, à une personne qui a assistée quotidiennement à l'avancement de cette thèse, qui, par sa présence, son encouragement, son soutient tous les jours, en particulier dans des moments difficiles, fût d'une aide précieuse.

A tous ceux que j'ai involontairement oublié de citer et qui n'en demeurent pas moins cher .Qu'ils trouvent ici l'expression de mes remerciements les plus sincères.

Veuillez accepter ce travail, en gage de mon grand respect et ma profonde reconnaissance.

Merci

Résumé

Photo-transformation du phénamiphos en milieu aqueux. Etude cinétique en photolyse et en photo-catalyse.

La pollution des eaux par les produits phytosanitaires est une réalité de plus en plus présente au Maroc qui nécessite le contrôle et l'élimination de ces composés dans le milieu aqueux. Il est par conséquent important de porter un grand intérêt à leur capacité à être dégradé et les voies de cette dégradation.

Durant les dernières décennies, on constate un nombre croissant d'études ayant pour but la destruction des pesticides, non dégradables et réfractaires aux procédés traditionnels par des procédés d'oxydation avancés (POA) tels que la photolyse UV et la photocatalyse hétérogène ou homogène en utilisant le TiO_2 comme catalyseur.

Le pesticide sélectionné dans cette étude est le phénamiphos. Ce produit appartient à la famille chimique des organophosphorés et il est largement utilisé comme insecticide et nématicide sur un certains nombre de cultures. L'étude de sa dégradation en milieu aqueux a été effectuée dans un réacteur en utilisant différents types de lampe UV d'intensités variables (lampe HPK 125W, lampe PL_S_9W Philips et lumière solaire) et en utilisons deux types de catalyseurs (TiO_2-P25 et TiO_2-PC500) poudre et supportés sur du verre borosilicaté. Pour suivre la cinétique de dégradation, des analyses, à des intervalles de temps réguliers, des solutions irradiées sont réalisées par HPLC/MS.

La modélisation de la cinétique de dégradation du phénamiphos en milieu aqueux a été faite par MRE pour déterminer les effets principaux et d'interactions des différents paramètres (pH, la température, la concentration (phénamiphos / catalyseur TiO_2/ des ions Fe^{2+}) sur l'efficacité du procédé de photocatalyse. Cette étude a permis d'optimiser les conditions de dégradation photocatalytique du phénamiphos.

La photolyse du phénamiphos conduit à la formation de produits très toxique suite à son oxydation. En présence de TiO_2 supporté, la minéralisation de 80% du produit initial a été observée. Le TiO_2 P25 présente une efficacité supérieure au PC500.

Mots-clefs : Photocatalyse, photolyse, MRE, phénamiphos, oxydation, photo-produit, environnement.

Abstract:

The intensive use of pesticides in modern agriculture has led to serious problems in the quality of superficial or underground water, which led to the development of diseases and destruction of fauna and flora.

Water pollution by these pesticides is a reality more and more present in Morocco that requires control and elimination of these compounds in the aqueous medium. Therefore, it is important to take interest in their ability to be degraded and the degradation pathway. In the recent decades, a growing number of studies aimed at the destruction of pesticides, non-degradable and refractory to conventional methods, by advanced oxidation processes (AOP) such as UV photolysis and heterogeneous or homogeneous photocatalysis using TiO_2 as catalyst.

In this study, we selected the pesticide fenamiphos. This product belongs to the chemical family of organophosphates and it is widely used as an insecticide and nematicide on a number of crops. The study of degradation in aqueous medium was carried out in a reactor with different intensities of UV light (HPK 125W lamp, PL_S_9W Philips lamp and solar lights) and using two types of catalysts (TiO_2-P25 and TiO_2-PC500) powder and supported on borosilicate glass. To follow the kinetics of degradation at regular intervals of time, analysis of the irradiated solutions were performed by HPLC / MS.

To determine the main effects and interactions of various parameters (pH, temperature, concentration (fenamiphos / TiO_2 catalyst / Fe^{2+} ions) on the effectiveness of the photocatalysis process, a kinetic Modeling of the fenamiphos degradation in aqueous medium has been established to optimize the conditions for the photocatalytic fenamiphos degradation using MRE.

During photolysis process, fenamiphos oxidizes on FSO and FSO_2. But using supported TiO_2 P25, 80% of fenamiphos was mineralized after 2hours.

Keywords (5) : Photocatalysis, photolysis, MRE, Fenamiphos, oxidation, photo-product, environnement.

Sommaire

CHAPITRE - I -

ETUDE BIBLIOGRAPHIQUE

CHAPITRE - II -

MATERIELS ET METHODES

$\mathcal{CHAPITRE}$ - III -

$\mathcal{RESULTATS\ ET\ DISCUSSION}$

Partie - I -

« Etude de la Photolyse du Phénamiphos en Milieux Aqueux »

Partie - II -

« Etude de la Cinétique de Dégradation Photocatalytique du Phénamiphos en Milieux Aqueux »

Liste des figures

Chapitre -I- Etude Bibliographique

Chapitre -II- Matériaux et Méthodes

Chapitre -III- Résultats et Discussion

Liste des tableaux

Chapitre -I- Etude Bibliographique

Chapitre -II- Matériaux et Méthodes

Chapitre -III- Résultats et Discussion

Liste des abréviations

BC	Bande de conduction
BV	Bande de valence
CL_{50}	Concentration Létale 50
CO_2	Dioxyde de carbone
COT	Carbone Organique Total
CT	Carbone Total
DBO	Demande biochimique en oxygène
DCO	Demande biochimique en oxygène
DDT	Dichloro Diphenyl
DJA	Dose Journalière Acceptable
DL50	Dose Létale 50
DSE	Dose Sans Effet
DT50	Temps de Demi-vie
FSO	Phénamiphos sulfoxyde
FSO_2	Phénamiphos sulfone
g	Gramme
h	Heure
h+	Trous positifs
HPLC	Chromatographie Liquide à Haute Performance
I	Intensité de la lumière
k	Constante de vitesse de dégradation photocatalytique.
k_{app}	Constante de vitesse apparente
Kg	Kilogramme
K_{LH}	Constante de l'équilibre d'adsorption
K_{oc}	Coefficient d'affinité de pesticides avec des matières organiques
L-H	Langmuir-Hinshelwood
LMR	Limite Maximale de Résidu
M.R.E	Méthodologie de la Recherche Expérimentale
M_eOH	Méthanol
mg	Milligramme
min	Minute
Mol/L	Mole / Litre
mPa	Méga Pascal
MS	Spectroscopie de masse
nm	Nanomètre
PCN	Point de Charge Nulle
POA	Procédés d'oxydation avancée
POPs	Polluants Organiques Persistants
ppm	Partie par million
PZC	Point de Zéro Charge
S_{eau}	Solubilité dans l'eau
S_{octnol}	Solubilité dans l'octanol
T	Température
t_R	Temps de Rétention
UV	Ultra-violet

Introduction Générale

Introduction générale

Aujourd'hui, plus que jamais, nous pouvons être sûrs que l'activité humaine et le mode de vie moderne sont responsables de l'aggravation de la pollution environnementale. Les sources de pollution sont de plus en plus nombreuses et diverses (industrie, automobile, pétrole, rejets plastiques et informatiques, produits de consommation, pesticides....).

L'usage des insecticides, herbicides, fongicides, etc. regroupés sous le nom de pesticides ou encore produits phytosanitaires, a permis d'améliorer les rendements et la diversité des cultures afin de satisfaire la demande nutritionnelle liée à l'accroissement de la population mondiale. Cependant, cette utilisation a également provoqué des effets indirects et néfastes sur l'environnement.

Le contrôle chimique des produits alimentaires a entraîné une augmentation spectaculaire du rendement des denrées majeures faisant partie du régime alimentaire. Ce traitement par les pesticides est jusqu'à présent le moyen de protection prépondérant. Cependant, les pesticides peuvent aussi être très nocifs. Ils peuvent endommager l'environnement et s'accumuler dans les écosystèmes. Ils possèdent le potentiel de causer toute une gamme d'effets toxiques envers la santé humaine, dépendamment de la dose appliquée, comme le cancer, les dysfonctions des systèmes reproductifs, des systèmes endocriniens et immunitaires, l'atteinte aiguë et chronique du système nerveux et l'endommagement des poumons.

En définitif, la pollution des eaux par ces matières organiques est un problème mondial dont les aspects et la portée sont évidemment différents selon le niveau de développement des pays. Il importe que les concentrations des produits polluants soient les plus faibles possibles.

Afin de minimiser l'exposition humaine aux résidus de pesticides, des contrôles réglementaires concernant leur utilisation et le niveau de leurs résidus ont été établis. Mais, malgré la conscience publique du risque provenant de cette exposition et les divers incidents alarmants cités, ces produits phytosanitaires resteront, dans le cadre d'une politique productiviste, une des composantes essentielles de la production alimentaire.

Les pesticides sont ainsi aujourd'hui à l'origine d'une pollution diffuse qui contamine toutes les eaux continentales : cours d'eau, eaux souterraines et zones littorales. Si les pesticides sont d'abord apparus bénéfiques, leurs effets secondaires nocifs ont été rapidement mis en évidence. Leur toxicité, liée à leur structure moléculaire, ne se limite pas en effet aux seules espèces que l'on souhaite éliminer. Ils sont notamment toxiques pour l'homme.

Lorsque l'eau est polluée par ces substances toxiques et persistantes, un traitement adéquat est nécessaire pour la protection de l'environnement. Il existe des techniques classiques d'élimination comme les Techniques d'Oxydation Avancée (TOA), la photolyse et la photocatalyse

La photocatalyse hétérogène est un procédé qui se développe rapidement dans l'ingénierie environnementale. Cette technique de dépollution sort des laboratoires et fait son entrée dans plusieurs secteurs d'activité industrielle, y compris les systèmes de purification de l'air. Ses avantages principaux sont : un faible coût, la facilité d'initiation et d'arrêt de la réaction, la faible consommation en énergie, la variété de polluants dégradables et la forte efficacité de minéralisation des polluants. En revanche, son application reste encore limitée à des débits et des concentrations d'effluents faibles. Au regard des critères exigés, la photocatalyse semble donc la technique la plus propre et la plus appropriée au traitement de l'air, les eaux et les sols.

Notre étude s'inscrit dans un thème général de recherche relatif à l'élimination des produits phytosanitaires dans un milieu aquatique par photocatalyse. Nous traitons dans notre étude la dégradation en milieu aqueux du phénamiphos, un insecticide de la famille chimique des organophosphorés. Afin d'effectuer ladite étude, nous avons adopté la démarche suivante:

Le premier chapitre présente une étude bibliographique générale concernant les pesticides (définition, rappels théoriques, aperçu sur la famille des insecticides à étudier…etc.)

Le deuxième chapitre est consacré à la description du matériel et des méthodes expérimentales ayant permis la réalisation pratique de cette étude. Les modes opératoires, les réactifs, les appareils de mesure et d'analyse chimique, les catalyseurs ainsi que le réacteur photo catalytique utilisés sont présentés.

La troisième partie détaillera l'étude de l'adsorption et de la cinétique de dégradation du phénamiphos en utilisant deux types de TiO_2 (Degussa P25 et Millénium PC500) en suspension et supportés sur verre Borosilicaté afin de déterminer les conditions optimales de dégradation et de minéralisation de ce pesticide en solution aqueuse. Les résultats cinétiques obtenus en faisant varier plusieurs paramètres (concentration initiale du catalyseur et du réactif, pH, température, nature de TiO_2, présence d'ions en solution) seront également présentés et discutés.

Chapitre I :
Etude Bibliographique

I. Généralités sur les pesticides

I.1. Introduction

L'impact sur l'environnement des pesticides utilisés dans l'agriculture est aujourd'hui une réalité manifeste et une menace sérieuse pour la qualité des nappes souterraines. Les risques potentiels liés à l'utilisation des pesticides sont un sujet controversé.

En effet, la pollution environnementale est en grande partie dépendante des phénomènes naturels dont l'intensité relève des aléas météorologiques mais aussi de techniques agricoles utilisées qui sont parfois inadaptées.

Les pesticides ont des effets nocifs sur l'homme, sur les animaux et les plantes. Ainsi, 15 à 20% de ces produits chimiques sont cancérigènes et la plupart d'entre eux sont des perturbateurs endocriniens [1,2].

I.2. Définition et classification des pesticides

I.2.1. Historique des pesticides

Les premières descriptions de l'utilisation des pesticides remontent à mille ans avant JC avec le soufre. En Orient, dès le XVIème siècle, l'arsenic et la nicotine étaient utilisés. Au XIXème siècle, les premières études scientifiques mettent en évidence l'intérêt du sulfate de cuivre pour détruire les plantes adventices. L'utilisation des produits phytosanitaires a connu un réel essor à partir des années 40, période durant laquelle les premiers pesticides de synthèse comme lindane, DDT, aldrine,... sont apparu sur le marché. Les résultats, très positifs quant aux rendements agricoles, ont été immédiats. Cependant, les premiers rapports sur l'impact négatif de ces produits sur la santé humaine et l'environnement ont été publiés pendant les années 60. Dans les années 70 et 80, la mise sur le marché de molécules moins stables que les organochlorés n'a pas permis la diminution des contaminations. Au contraire, la consommation croissante des produits phytosanitaires en agriculture et dans d'autres secteurs d'activité a généré non seulement des contaminations des eaux de surface et souterraine mais également des brouillards et des eaux de pluie. En effet, dans les années 90, de nombreuses études scientifiques ont relaté la présence de produits phytosanitaires dans les brouillards [3-5].

Au Maroc, les importations constituent la principale source d'approvisionnement des pesticides. Durant la période 1980-1990, 70 % de la consommation locale en pesticides est assurée par les importations, le reste est assuré par la formulation locale. Cette consommation globale est passée de 7085 tonnes en 1980 à 9394 tonnes en 1990. Au cours de cette période, les importations ont connu un taux d'accroissement annuel moyen estimé à 9% en quantité et à 17% en valeur. Entre 1987 et 1993, la consommation totale en produits finis et prêts à l'emploi est passée de 5965 tonnes à 8033 tonnes. Ces quantités correspondent à une quantité totale de matières actives, estimée à 2601 tonnes en 1987 et à 3499 tonnes en 1993 dont 3 à 4% sont utilisés dans la formulation locale de certains produits [6]. Les dernières statistiques font état de 17519 tonnes en 2009. La figure III-1 montre l'évolution du tonnage de pesticides au Maroc [7].

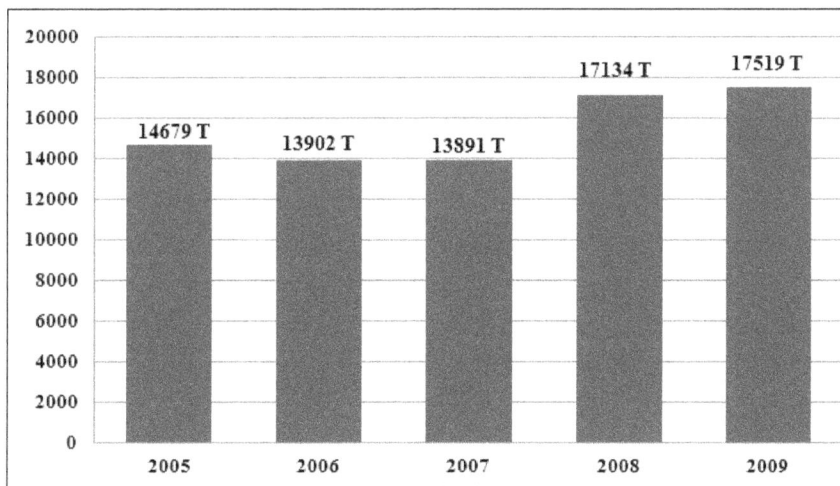

Figure I-1 : Evolution du tonnage en tonnes (T) des pesticides importés au Maroc de 2005 à 2009.

I.2.2. Définition des pesticides

Les pesticides appelés aussi produits agropharmaceutiques, produits phytosanitaires **[8]**, produits antiparasitaires à usage agricole **[9]** ou produits de protection des plantes, sont utilisés en quantités considérables depuis plus d'un demi-siècle par l'agriculture intensive. On retrouve des résidus de pesticides partout: dans l'eau bien sûr, mais aussi dans l'air, les brouillards et l'eau de pluie.

Ce sont des molécules chimiques fournies par la phytopharmacie, pour le contrôle des pestes et des mauvaises herbes. Elles sont généralement classées en fonction des cibles vers lesquelles elles sont dirigées. Ainsi, les insecticides sont employés pour commander les insectes, les herbicides sont employés pour commander les mauvaises herbes, les fongicides sont employés pour commander des mycètes et les champignons, et enfin les nématicides sont employés pour commander des nématodes…etc.

Du point de vue chimique, les pesticides sont des composés organiques ou inorganiques et jusqu'à présent, les pesticides organiques sont les plus utilisés. Ils étaient et sont à nos jours considérés comme la solution la plus utilisées pour la protection des cultures. Après la deuxième guerre mondiale, les efforts ont été orientés vers le développement des technologies de production des pesticides variés. Dans plusieurs centres de protection des plantes à travers le monde, les scientifiques se sont orientés vers le développement de pesticides, à large spectre d'utilisation pour la protection des cultures contre les mauvais insectes et les herbes **[10]**.

Suite à leur utilisation les pesticides peuvent se repartir dans plusieurs compartiments. On les trouve ainsi dans nos aliments : plus de 50% des fruits et des légumes produits par l'agriculture intensive en contiennent. Ils sont apportés par l'eau et les aliments consommés et arrivent ainsi à nos organismes.

Estimer les effets sur les écosystèmes d'une pollution liée aux pesticides s'avère difficile, car il existe plusieurs familles de pesticides. Ils sont en outre utilisés à faibles doses et leurs comportements sont très divers. Leur impact dépend à la fois de leur mode d'action (certains sont beaucoup plus toxiques que d'autres), de leur persistance dans le temps (certains se dégradent beaucoup plus rapidement que d'autres) et de leurs sous-produits de dégradation lesquels sont parfois plus toxiques et se dégradent moins vite que le composé initial. Leurs effets sur l'être vivant sont aussi encore très mal connus [11].

Face à cette situation, une seule solution s'impose : mieux évaluer les pesticides pour interdire, à priori, tout ceux présentant un potentiel toxique pour l'homme et les organismes vivants, diminuer considérablement l'usage des pesticides en adoptant une agriculture raisonnée.

I.2.3. Rôle des pesticides

Les pesticides agissent principalement sur le fonctionnement biochimique interne de la matière vivante [12]. Bien qu'ils posent beaucoup de risques potentiels, ils fournissent également des avantages:

➢ Les pesticides sont facilement disponibles et faciles à employer ;

➢ Là où la résistance ne constitue pas un problème, les pesticides sont généralement fortement efficaces pour le contrôle des parasites ;

➢ Des pesticides peuvent être employés au-dessus de grands surfaces ;

➢ Les traitements de pesticide sont souvent plus rentables que les méthodes alternatives (l'écimage, la lutte biologique intégrée, Le faux-semis,...) demandant des investissements lourds en ressources humaines et matérielles ;

➢ Aucune solution, efficace, fiable de rechange de non-produit chimique n'est disponible pour beaucoup de parasites et les pesticides chimiques sont le dernier recours [13].

I.2.4. Classification chimiques des pesticides

Selon leurs structures chimiques, les pesticides sont classés dans des groupes chimiques selon le tableau I-1 suivant :

Tableau I-1 : Classification des pesticides par groupe chimique [8, 9, 10, 12, 14, 15, 16].

Famille chimique	Structure générale	Cible et Mode d'action
Organochlorés Ex: DDT		- Insectes nuisibles ; - Ils agissent sur le système nerveux central.
Organophosphoré Ex: Malathion.		- Ils agissent sur l'insecte par contact et ingestion, induisant un tremblement
Carbamates Ex: aldicarbe, carbofuran, …		généralisé (incoordination motrice) puis une paralysie
Pyréthrinoides de synthèse Ex: Bifenthrine.		qui met parfois 24 h pour s'installer.
Carbamates Ex: carbendazine, carbatène,…		
Triazoles Ex: bromuconazole, triticonazole,…	1,2,3-triazole 1,2,4-triazole	- Champignons phytopathogènes ; - Lutte contre les maladies cryptogamiques qui causent
Dérivés du benzène Ex: chlorothalonil.		de graves dommages aux végétaux cultivés.
Dicarboximides Ex: folpel, iprodione,…		
Carbamates Ex: chlorprophame, triallate,…		- Mauvais herbes

Urées substituées Ex: Diuron.		- Elimine les adventices des cultures par perturbation ou par élimination d'un ou plusieurs de leurs processus métaboliques
Triazines Ex: atrazine, simazine, terbuthylazine...	1,2,3 triazine 1,2,4 triazine 1,3,5 triazine	
Chlorophenoxyalcanoïq ues Ex : MCPA.		
Amides Ex : alachlore.		
Benzimidazolinones Ex: Imazapyr		

I.2.5. Toxicité des pesticides

La toxicité des pesticides dépend de plusieurs facteurs tels que le mode d'utilisation (gaz, liquide, poudres ou solide), les moyens d'application (dispersion, pulvérisation) et les conditions climatiques. La toxicité d'un produit peut être aiguë (à court terme), subaiguë (à moyen terme) ou chronique (à long terme) [17].

Le premier point de référence pour la toxicité des pesticides est la dose létale 50 (DL_{50}), c'est la dose administrée en une fois à un lot d'animaux et qui provoque la mort de 50% du lot. Elle permet d'estimer la toxicité aigue du produit (toxicité à court terme). Elle est exprimée en mg/kg de poids vif. D'autres indices de mesure de la toxicité sont utilisés, on cite par exemple [9, 10, 14, 15, 17] :

CL_{50} (Concentration Létale 50) : C'est la concentration d'un pesticide qui provoque 50% de mortalité. Elle représente l'écotoxicité (en terme de toxicité aigue) pour les organismes aquatiques (algues, crustacés, poissons,...).

DSE (Dose Sans Effet) : Elle correspond à la limite de toxicité chronique pour l'animal (toxicité à long terme). Elle est exprimée en mg/kg de poids vif et par jour.

DJA (Dose Journalière Acceptable) : Elle estime la limite de toxicité chronique pour l'homme. Elle est évaluée à partir de DSE pour l'animal le plus sensible divisée par un facteur de sécurité.

LMR (Limite Maximale de Résidu) : c'est la concentration maximale admissible dans une denrée. Elle est établie pour un produit alimentaire, en tenant compte de la quantité de cet aliment qu'un homme consomme en moyenne chaque jour.

I.2.6. Efficacité et persistance des pesticides

L'efficacité de l'action toxique d'un produit, tout comme sa capacité à atteindre un certain stade de l'organisme cible, sont largement fonction de sa persistance dans le milieu, et donc, des processus de dégradation ainsi que de la vitesse de dégradation. Il a été constaté depuis quelques décennies que certains pesticides très employés, en particulier la plupart des insecticides organochlorés, présentent une remarquable stabilité dans le temps. Leur composition chimique reste inchangée. Ils peuvent être stockés, à des doses sublétales, par les organismes vivants, et sont ainsi susceptibles d'être progressivement accumulés et concentrés tout au long de la chaîne alimentaire. La vie animale toute entière se trouve ainsi menacée, même l'homme, qui se trouve à la tête de la chaine alimentaire, peut être touché. La persistance est souvent évaluée par le temps de demi-vie d'une molécule dans l'écosystème.

Ainsi, tout traitement phytosanitaire doit respecter deux impératifs parfaitement contradictoires [18]:

➢ d'une part, une persistance optimale de l'action du pesticide utilisé est nécessaire pour obtenir un contrôle efficace et durable de l'organisme nuisible visé;

➢ il est d'autre part, tout aussi indispensable, pour éviter les risques de bioaccumulation évoqués ci- haut, que ce produit perde rapidement la plus grande partie de sa toxicité.

I.2.7. Formulation et conception des pesticides

Les pesticides sont, le plus souvent, commercialisés sous formes de préparations constituées d'une ou de plusieurs substances actives.

Une substance active est une substance où un micro-organisme, y compris un virus ou un champignon, exerçant une action générale ou spécifique sur ou contre les organismes nuisibles. Un pesticide est composé d'un ensemble de molécules comprenant :

 Une (ou plusieurs) matière active à laquelle on attribue en tout ou en partie, l'effet toxique.

 Un diluant qui est une matière solide ou un liquide (solvant) incorporé à une préparation et destiné à en abaisser la concentration en matière active.

 Des adjuvants qui sont des substances dépourvues d'activité biologique [19, 20], mais susceptibles de modifier les qualités du pesticide et d'en faciliter l'utilisation.

I.2.7.1. Formulations liquides

Dans ce type de formulation, les plus importants sont [16, 20]:

➢ Les concentrés solubles (SL) sont des solutions de matière active diluées dans l'eau, additionnées d'agents tensioactifs ;

➢ Les liquides pour application à très bas volume (TBV) : ce sont des liquides homogènes, appliqués directement par le biais d'appareil à très bas volume ;

➢ Les concentrés émulsionnables (EC) : ce sont des formulations liquides et homogènes employées après dilution dans l'eau sous forme d'émulsion [10] ;

➢ Les liquides miscibles à l'huile (OL) : ce sont des liquides homogènes appliqués après dilution dans des solutions organiques qui leurs sont miscibles ;

➢ Les suspensions concentrées ou Flow (SC) : ce sont des particules solides de matière active finement broyées, en suspension et sous une forme stable dans un liquide [10] ;

➢ Les suspensions aqueuses de capsule (CS) : ce sont des suspensions de capsules dans un liquide, ce type de formulation est dilué dans l'eau avant son application.

I.2.7.2. Formulations solides

➢ Les poudres mouillables (WP) : la matière active est finement broyée (solide) ou fixée (liquide) sur un support adsorbant ou poreux (silice). Ces poudres doivent être dispersées dans l'eau au moment de l'emploi ;

➢ La poudre de poudrage (DP) : c'est un mélange homogène de matière active, charges et autre adjuvants nécessaires pour la formulation sous forme d'une poudre fluente applicable pour poudrage ;

➢ Les granulés à disperser (WG) : sont des granulés obtenus par l'agglomération avec un peu d'eau de matière active, de charge et d'agents liants et dispersants, suivi d'un séchage. Ces poudres doivent être dispersées dans l'eau au moment de l'emploi [10, 20] ;

➢ Les granulés solubles dans l'eau (SG) : sont sous forme de solution de matière active dissoute dans l'eau et peuvent contenir des matières inertes insolubles [20] ;

➢ Les granulés prêts à l'emploi (GR) : se présentent sous forme de solides fluents. Ils son fabriqués selon des techniques multiples et en utilisant des matières actives avec différent modes d'action [20].

I.3. Les pesticides au Maroc

I.3.1. Réglementation sur l'utilisation des pesticides au Maroc

L'usage des pesticides au Maroc est régi par le Dahir du 2 décembre 1922, et une assise juridique a été mise en place. Le Dahir porte sur le règlement de l'importation, le commerce, la détention et l'usage des substances vénéneuses. Ainsi, selon cette base juridique, une procédure d'homologation a été instaurée dés 1965 et a été ensuite renforcée par la création de la Direction de la Protection des Végétaux, des Contrôles Techniques et de la Répression des Fraudes (DPVCTRF).

Un produit phytosanitaire ne peut être commercialisé au Maroc que s'il s'avère non seulement efficace et sélectif envers les cultures à protéger, mais aussi inoffensif vis-à-vis du consommateur en particulier et de l'environnement en général.

Ce Dahir de base a été modifié à trois reprise, depuis sa promulgation successivement par le Dahir du 6 novembre 1937 notamment son article 10, et celui du 17 Mars 1953 notamment son article 1 [6, 21]. D'autres dispositions juridiques sont venues renforcer ces assises, en particulier la loi 42-95 relative au contrôle et à l'organisation du commerce des pesticides à usage agricole, et la loi 13.83 relative à la répression des fraudes sur les marchandises, promulgué par le dahir n° 1.83.108 du 05 octobre1984 [7].

I.3.2. Utilisation des pesticides au Maroc

Le Maroc a une surface agricole utile de l'ordre de 9 millions d'hectare dont une partie importante est employée pour les cultures intensives [7]. Dans les pratiques actuelles, ces cultures, comme d'ailleurs la forêt, nécessitent l'utilisation des pesticides pour améliorer les rendements. Ces produits chimiques sont également utilisés de manière conjoncturelle pour lutter contre les invasions d'agents ravageurs comme les criquets et les rongeurs. Certains sont utilisés aussi dans le domaine de la santé en matière de lutte contre les maladies dites vectorielles en raison de leur transmission par certains vecteurs.

Leurs nombres, ainsi que celui de leurs matières actives, sont très élevés. Dans ce secteur également, on rencontre la différence entre les génériques et les produits brevetés.

Ces produits sont importés de pays industrialisés. Les quantités moyennes importées annuellement sont de l'ordre de 1500 tonnes, mais les utilisations sont très variables en raison de la variabilité des conditions climatiques et de l'imprévisibilité des invasions des ravageurs [7].

I.4. Impacts environnementaux des pesticides

I.4.1. La pollution de l'environnement

Il est inévitable que certains pesticides soient présents plus au moins longtemps dans l'air, les sols et les eaux. Le passage dans l'atmosphère est étudié depuis assez peu de temps et les données sont encore peu nombreuses. L'essentiel a récemment été publié et montre que divers pesticides peuvent se trouver dans l'air à des concentrations parfois non négligeables et être transportés sur de grandes distances [22]. Bien que la plupart des pesticides transitent par le sol, il apparait un réel transfert vers les eaux, ce qui nécessite, à la fois, la surveillance des ressources en eaux et l'application des critères de potabilités et de qualité écologique [23].

I.4.2. Effets des pesticides sur l'environnement

L'environnement, c'est des milliards d'interactions qui lient entre elles des milliers d'espèces vivantes dans le sol, dans l'eau et à leurs surfaces. Ces interactions déterminent " les équilibres biologiques" qui sont modifiés par l'usage des pesticides. Cette modification entraîne un appauvrissement considérable de la diversité de la flore et de la faune, de la microflore et de la microfaune dont dépend le fonctionnement du milieu. Il est très difficile de gérer ce qui reste car toute intervention humaine a des effets très amplifiés par rapport à ce qui se passerait dans un milieu naturel " vierge ". Aussi, voit-on souvent des déprédateurs se multiplier suite à un usage excessif des pesticides parce que ces derniers ont éliminé les ennemis naturels de ces déprédateurs : on obtient le contraire de ce qu'on espérait. Souvent aussi, des déprédateurs développent une résistance à certains pesticides trop utilisés. On est alors contraint d'augmenter les doses, ce qui augmente les dégâts sur l'environnement et cela devient un cercle vicieux. De plus, les pesticides entraînés par les eaux de pluie ou par le vent contaminent la nature environnante.

Les pesticides peuvent avoir des effets directes par mort violente lorsque les doses létales sont atteintes (poissons, insectes, rongeurs, abeilles,...) [8, 9]. Il existe aussi des effets indirects :

destruction d'habitats (plantes adventices = mauvaises herbes) de certaines espèces ; modification des relations entre espèces (destruction des prédateurs => pullulation des proies) ; bioaccumulation des pesticides entraînant des mortalités différées, des baisses de fécondité, des malformations des embryons.

I.4.3. Devenir des pesticides dans l'environnement

Les sources de contamination sont diverses. Certains cas peuvent provenir des déversements des pesticides effectués dans l'environnement à partir des entrepôts. Ce type d'incidents peut survenir de différentes façons:

➢ La dispersion par les eaux de ruissellement;

➢ La dérive par le vent lors de l'application. Ce phénomène est lié essentiellement au mode d'application ;

➢ La volatilisation après le traitement. C'est une des causes principales de fuite des pesticides hors de la zone cible, notamment quand les traitements visent la surface du sol ou celle des végétaux ;

➢ Ils peuvent être transportés par le vent ;

➢ Ils peuvent être lixiviés dans les eaux souterraines et dispersés dans le sous-sol et s'introduire ensuite dans les cours d'eau ou les lacs.

Les principaux modes de dispersion sont l'infiltration (dans le sol ou dans les eaux souterraines) et la dispersion par le vent (dispersion éolienne). La diffusion des pesticides par ruissellement doit être considérée comme une forme d'infiltration.

Le transfert sous l'effet du vent a pour effet de contaminer la surface de la zone proche du site. Le transport par infiltration entraîne une contamination du sol au-dessous du site d'entreposage, et peut provoquer la contamination des eaux souterraines (**Fig.I-2**) **[24]**.

Si certains pesticides peuvent avoir une durée de vie de quelques jours, d'autres sont très stables [25]. Certaines molécules peuvent effectuer plusieurs centaines de kilomètres avant de retomber sur la lithosphère, soit par redéposition sèche, soit par lessivage de l'atmosphère par les précipitations [3]. Le schéma ci-dessous résume ces différents modes de diffusion :

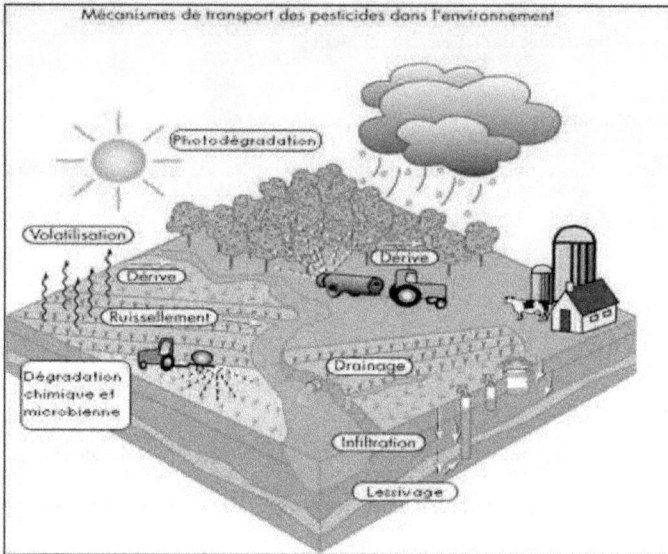

Figure I-2 : Cycle de contamination atmosphérique par les pesticides [26].

I.4.3.1. Volatilisation et la dérive

La volatilisation au sens strict peut être définie comme le départ du produit à partir de la surface du sol en phase vapeur. Toutefois, on a tendance à intégrer plusieurs autres phénomènes sous le nom de volatilisation car même s'ils font intervenir des mécanismes pourtant totalement différents, ils sont tous à l'origine de la présence de produits phytosanitaires dans l'air. Le départ vers l'atmosphère peut se faire dès le traitement en raison du mode d'épandage par pulvérisation qui facilite la formation de micro-gouttelettes, facilement vaporisables.

Pour cela, un pesticide est susceptible de s'évaporer dans l'atmosphère [10,15], mais ce phénomène dépend de la nature du pesticide (tension de vapeur, solubilité…), de sa concentration et des propriétés du sol (température, acidité…). La température influe également sur l'acuité de la volatilisation, puisqu'une élévation de température entrainerait une augmentation de la vitesse d'évaporation du pesticide [8]. Une échelle de volatilité est donnée en fonction de la pression de vapeur des pesticides. Ainsi, on parle de pesticide très volatil, modérément volatil ou non volatil à pression de vapeur respectivement supérieure à 1000 mPa, comprise entre 10 et 100 mPa ou inferieure à 1 mPa [15].

I.4.3.2. Dégradation des pesticides

La vitesse de disparition, ou le degré de persistance d'un produit, dépend d'un certain nombre de facteurs qui peuvent être [27] :

➢ Mécaniques (pluie, vent) ou physiques (tension de vapeur, solubilité dans l'eau ou les lipides, codistillation avec l'eau, phénomènes d'adsorption...);

➢ Chimiques (hydrolyse, oxydation, réduction, décarboxylation, isomérisation, photodégradation...) ;

➢ Biologiques (action des micro-organismes dans le sol et réactions enzymatiques dans les végétaux dans le cas des produits endothérapiques...) [28].

a. L'hydrolyse

C'est une réaction de dégradation observée dans la phase aqueuse contenue dans le sol [8, 10, 15] et qui est parfois catalysée par la présence de certains métaux [1] ou des substances humiques [10, 15]. La vitesse d'hydrolyse dépend de plusieurs facteurs [1] et principalement de la température, du pH, de la salinité et de la teneur en matière organique de l'eau, qui par des réactions de complexation, fait augmenter la solubilité des pesticides [10, 15].

b. La photolyse

La photolyse est la dissociation d'un composant, directement provoquée par son exposition au rayonnement. Elle peut se produire par absorption des photons hv issuent de la lumière solaire à la surface des eaux superficielles, du sol ou des plantes. Cette dégradation peut être sous forme : Photolyse direct et dans ce cas elle se produit quand le polluant absorbe la lumière lui-même ; ou bien photolyse indirect qui intervient quand le polluant est soumis à l'attaque d'espèces actives générées lors de l'irradiation des substances absorbantes présentes dans l'environnement. Ces substances sont susceptibles d'agir comme sensibilisateurs ou précurseurs d'espèces réactives capables de transformer les polluants organiques [29 - 32].

c. La biodégradation

Appelée aussi dégradation biologique, est assurée principalement par les organismes biologiques de la microflore du sol. Elle désigne la transformation d'une substance par des micro-organismes [8]. Dans l'environnement, la biodégradation peut être affectée par un certain nombre de facteurs, notamment la présence d'oxygène (conditions aérobie/anaérobie), d'éléments nutritifs, l'importance de la population des micro-organismes nécessaires et l'adaptation de ces derniers.

La rapidité de cette dégradation d'origine microbienne dépend avant tout de la nature chimique du pesticide. Très souvent. Elle dépend aussi de l'histoire de traitement des sols avec ce pesticide. La cinétique de la biodégradation se scinde en deux phases [8, 10, 15]. Durant la première phase, on assiste à une dégradation lente, on parle de phase latence ou de multiplication et d'adaptation du prédateur au pesticide [8, 15]. La seconde phase présente une cinétique rapide, la microflore déjà adaptée, en quantité suffisante, utilise le phytosanitaire comme source de nutriment pour son métabolisme [8, 10, 15].

d. L'adsorption

L'adsorption est l'enrichissement (adsorption positive) ou l'appauvrissement (adsorption négative) d'une ou plusieurs espèces à proximité d'une surface. Elle permet la rétention des produits chimiques dans la couche superficielle du sol **[9, 12]**.

L'adsorption d'un pesticide influe sur sa disponibilité et son efficacité vis-à-vis des cultures **[16]** et sur l'infiltration et le ruissellement du produit vers les nappes phréatiques ou vers les cours d'eaux **[12, 15]**.

I.5. Caractéristiques écotoxicologiques des pesticides

I.5.1. Principaux paramètres physico-chimiques

I.5.1.1. L'hydrosolubilité

L'hydrosolubilité d'un pesticide exprime son degré de solubilité dans l'eau **[33]**. Ce paramètre est très important à déterminer avant la contamination d'un produit, puisque les produits phytosanitaires très solubles sont plus exposés à ruisseler vers les eaux souterraines par des phénomènes d'infiltration. Ainsi, les nappes phréatiques risquent de voir leurs taux en pesticides augmenter et dépasser les valeurs fixées par les normes et directives des eaux potables **[17]**.

I.5.1.2. La pression de vapeur

Ce paramètre exprime l'aptitude d'un produit à se volatiliser **[33]**. L'intérêt de sa mesure réside dans le fait que les produits très volatiles peuvent être entraînés vers les cultures voisines, être inhalés par les personnes. Ils sont alors plus persistants et présentent plus de risques de contamination de l'environnement **[17]**.

I.5.1.3. La vitesse de dissolution

Ce paramètre renseigne sur la disponibilité d'une matière active dans le sol, ce qui affecte l'efficacité du traitement par le pesticide que l'on peut mesurer par la formule d'Abott donnée ci-après :

$$\text{Efficacité \%} = \frac{(T - Tr)}{T} \times 100$$

Avec :

T : quantité de matière présente dans l'échantillon témoin non traité

T_r : quantité de matière active présente dans l'échantillon traité

L'hydrosolubilité, la pression de vapeur et la vitesse de dissolution s'avèrent être les paramètres physico-chimiques les plus importants puisqu'ils sont responsables du devenir du produit phytosanitaire dans les trois compartiments de l'environnement (sol, eau, et air) **[17].**

I.5.2. Principaux paramètres environnementaux

I.5.2.1. Temps de demi-vie

La dégradation des substances est mesurée par leur demi-vie DT_{50}. La demi-vie DT_{50} désigne le temps nécessaire pour que 50 pour cent de la masse de la substance disparaisse du sol ou de l'eau à la suite des transformations. Les processus biologiques (biodégradation) et physico-chimiques (hydrolyse, photolyse, etc.) constituent les principaux mécanismes de dégradation.

La connaissance du temps de demi-vie d'une molécule permet d'avoir une idée sur la persistance de cette molécule dans l'écosystème.

I.5.2.2. Persistance dans le sol

La persistance correspond à l'évolution au cours du temps des résidus d'un herbicide exprimés généralement en mg/L (ppm). Ces résidus ont été analysés soit par des techniques chimiques ou par des mesures biologiques.

Parmi les facteurs influençant la persistance d'un pesticide dans le sol, il y'a ces propriétés physico-chimiques à savoir : le pH, l'humidité, la teneur en matière organique et la texture du sol. La persistance peut être évaluée de deux manières :

a. Persistance en plein champ

Pour l'étude de la persistance en plein champ, le pesticide est appliqué selon les bonnes pratiques agricoles. L'évolution de ses résidus est suivie au cours du temps par les moyens appropriés (chimiques, biologiques….).

De nombreux essais sont réalisés sous différentes conditions pédologiques (texture du sol, pH,…), biologiques du sol (biomasse), climatiques (température, pluviométrie….etc.) et philotechniques (type du travail du sol, rectificatifs minéraux et organiques..) en vue de mettre en évidence le ou les paramètres qui conditionnent la persistance du pesticide. Du fait de la diversité des conditions dans lesquelles se fait l'étude de la persistance en plein champ, plusieurs années d'expérimentation sont nécessaires.

b. Persistance en conditions de laboratoire

L'étude de la persistance d'un pesticide en conditions contrôlées est réalisée dans des chambres environnementales. Les paramètres sont contrôlés, en particulier la température, l'humidité et la lumière correspondant à un pourcentage de la capacité au champ, généralement entre 40 et 75%. Puis la quantité de pesticide est mixée avec le sol préalablement à son incubation dans des pots.

I.5.2.3. Mobilité

La mobilité d'un pesticide dans l'eau est un signe de solubilité. Elle correspond entre autres aux facteurs de sorption du pesticide (K_{oc}) ou au coefficient de ralentissement. Lorsqu'un pesticide s'introduit dans le sol, une partie adhère aux particules de sol (notamment aux particules de matières organiques) selon un processus appelé sorption, et une partie se dissout et se mélange avec l'eau.

Les composés organiques qui se dissolvent dans les eaux souterraines se déplacent plus lentement que celles-ci, en raison du phénomène de sorption vers les particules du sol. Solubilité et sorption dans le sol d'un pesticide sont en rapport inverse: la solubilité est d'autant plus forte que la sorption est faible.

a. Indice de mobilité de Gustafson (Gus)

Cet indice permet d'estimer la mobilité d'une molécule donnée dans le sol. Il dépend du temps de demi-vie et exprimé par la formule suivante :

$$\textbf{Gus} = \log t\tfrac{1}{2} \ (4 - \log \textbf{K}_{oc})$$

K_{oc} est la constante relative à la teneur du sol en carbone organique.

L'indice de Gustafson nous permet de classer les pesticides en :

* Produit immobile : Gus < 0,0

* Produit mobile 0,0 < Gus < 2,8

* Produit très mobile Gus > 2,8

b. Coefficient de distribution K_d

Ce coefficient exprime la distribution du pesticide entre la phase solide et la phase liquide à l'équilibre. Il est donné par la formule suivante :

$$\textbf{K}_d = \textbf{C}_s \, / \, \textbf{C}_l$$

C_s : exprimée en mg/g, représente la concentration du pesticide dans la phase solide à l'équilibre.

C_l : exprimée en mg/L, représente la concentration du pesticide dans la phase liquide à l'équilibre.

c. Coefficient de partage sol/eau (Koc)

Le coefficient de partage K_{oc} est défini comme le rapport des concentrations de pesticides dans un état de sorption (collées aux particules de sol) et dans la phase en solution (particules dissoutes dans l'eau du sol). Par conséquent, pour une quantité donnée de pesticides, plus K_{oc} est faible et plus la concentration du pesticide en solution est élevée. Les pesticides caractérisés par une faible valeur de K_{oc} sont plus susceptibles de donner lieu à une lixiviation dans les eaux souterraines par rapport à ceux dont le coefficient K_{oc} est élevé.

La sorption d'un pesticide est plus importante dans les sols à plus forte teneur en matière organique. Si on les compare aux sols dont la teneur en matière organique est plus faible, la lixiviation des pesticides est donc plus lente dans les sols de ce type. En raison de la différence de variation des valeurs K_{oc}, il convient alors d'utiliser le logarithme de K_{oc}. Les composés sont classés en fonction de leur mobilité dans le sol.

d. Coefficient de partage sol/octanol (Kow)

La connaissance de ce paramètre permet d'évaluer l'adsorption du phytosanitaire par les organismes vivants [34]. Il est exprimé par la relation suivante :

$$K_{ow} = S_{eau}/S_{octnol}$$

S_{eau} : solubilité dans l'eau et S_{octnol} : solubilité dans l'octanol.

Quand K_{ow} est supérieur à 1, le produit est considéré comme hydrosoluble. Dans le cas contraire, le produits est alors dit liposoluble [17, 34].

e. Coefficient de ralentissement

La valeur K_{oc} sert à déterminer le paramètre connu sous le nom de coefficient de ralentissement R. Ce paramètre exprime le retard lié à la différence de vitesse de migration du pesticide par rapport à la vitesse de l'écoulement de l'eau.

f. Bioaccumulation

La bioaccumulation désigne la tendance qu'a un composé à s'accumuler dans les organismes. Il est égal au rapport de la concentration du phytosanitaire dans les organismes vivants à celle qui se trouve dans le milieu environnant [17]. Ce facteur est lié au coefficient de partage K_{ow} par la relation établie par J. N. Seiber [35] et qui est sous la forme suivante :

$$Log(BCP) = 0,76\ Log(K_{ow}) - 0,23$$

II. Etude bibliographique sur la molécule Phénamiphos

II.1. Introduction

Le phénamiphos O-ethyl-O(3-methyl-4-methylthiophenyl)-isopropylamido-phosphate) est un insecticide de la famille des organophosphorés [36]. Il est employé pour lutter contre une grande variété de parasites de nématode [37-39]. Le phénamiphos est aussi employé sur une variété de culture comprenant le tabac, le cacao, les gazons, les bananes, les ananas, le citron et d'autres vignes de fruit, et surtout sur quelques légumes et graines [40, 41]. Le composé est adsorbé par les racines puis transporté dans toute la plante. Il possède une activité systémique assez persistante [42]. Les résidus de ce composé sont en général modérément adsorbés sur les sols, ce qui réduit les quantités du produit migrant dans les eaux souterraines.

II.2. Caractéristiques physiques et chimiques du phénamiphos

II.2.1. Propriétés physico-chimiques du phénamiphos

Le phénamiphos est un solide sans couleur. Il est non corrosif vis-à-vis des métaux et se décompose aisément dans les acides et les bases forts.

Fiche technique du phénamiphos **[43]** :

- Nom commun : phénamiphos.
- Nom commercial : Némacur P^R.
- Nom chimique selon l'index de « l'Union Internationale de Chimie Pure et Appliquée » : isopropylphosphoramidate d'étyl4-méthylthio-m-tolyle.
- Nom chimique selon l'index du « chemical abstract » : ethyl 3-methyl-4-(methylthio)phenyl(1-methylethyl)phosphoramidate.
- Formule brute: $C_{13} H_{22} NO_3 P S$.
- Poids moléculaire : 303,4g/mole.
- Formule semi-développée (figure I-3) :

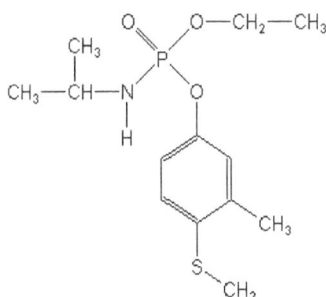

Figure I-3 : Structure du phénamiphos.

- Forme et couleur : solide cristallin blanc.
- Point de fusion : 49°C.
- Tension de vapeur : 1,0 10^{-6} mmHg (30°C).

- Toxicité : DL_{50} est de 5mg/Kg.

- Solubilité (20°C) : 700 mg/L dans l'eau. Légèrement soluble dans la plupart des solvants organiques. Cette solubilité est supérieure à 200 g/L pour les solvants suivants : Dichlorométhane, Propan-2-ol et Toluéne.

- Stabilité : très instable en milieu alcalin (pH>7).

- Principaux métabolites : sulfoxide et sulfone.

II.2.2. Effets toxicologiques

Le phénamiphos est un poison fortement toxique. Les symptômes d'intoxication aiguë sont conforme à ceux d'autres composés organophosphorés tels que la diarrhée, l'urination et la lenteur du battement du cœur. D'autres symptômes incluent des tremblements et une contraction musculaire.

Une exposition prolongée aux concentrations modérément faibles a également causé la mort [44]. Le composé offre des possibilités intéressantes d'endommager de manière significative l'œil suite à des d'expositions aigus. Il est non irritant à la peau [45].

II.2.3. Devenir du phénamiphos dans l'environnement

Le devenir du phénamiphos dans le sol et dans les eaux a été bien étudié. Dans un sol argileux traité avec du phénamiphos, la moitié de la quantité initiale du composé est décomposée dans les quatre jours qui suivent le traitement et seulement 17% est encore détectable après 55 jours du traitement. Quand le sol sableux est traité avec du phénamiphos en présence de la lumière artificielle, uniquement 6% du composé est décomposé après deux jours. Par conséquent, si le composé est incorporé dans un sol où la lumière ne peut pas l'atteindre, la décomposition sera beaucoup plus lente [46].

Dans l'obscurité, le phénamiphos se dégrade dans l'eau acide et alcaline plus rapidement que dans l'eau neutre une fois tenu dans l'obscurité. En présence de la lumière artificielle, le composé disparaît très rapidement. Dans une solution neutre, la moitié de la quantité initiale du composé se dégrade dans un délai de quatre heures [47].

L'étude réalisée par A. Dahchour [42] sur la dégradation du phénamiphos dans trois types de sol marocain pour différentes valeurs du pH (pH=6,7 ; 7,1 et 7,7) a montré que ce produit se dégrade rapidement dans le sol pour donner les principaux produits de dégradation, le sulfone et le sulfoxide [42, 48].

D'autre auteurs ont montré que l'hydrolyse du phénamiphos entre le pH=4,1 et 9,1, suit une cinétique d'ordre 1[49].

L'effet du pH sur l'hydrolyse chimique du phénamiphos a montré que dans l'eau, seulement un taux de dissipation de 10 à 15% a été observé. Cependant, et pour un pH de 9,1, une dissipation rapide du phénamiphos est signalée donnant ainsi une valeur de résidus inférieure à la valeur minimale détectable ($0,001\mu g/mL$) et ceci après 3 jours seulement. La dissipation du phénamiphos représente un taux de 8 à 9% de la dose initialement appliquée dés le 6éme jour pour une solution acide (pH<7). Pour l'eau et les solutions basiques (pH>7), ce taux est respectivement de 0,5 à 1% de 1,5 à 2% [49].

III. Traitement des solutions contaminées par les pesticides

III.1. Les procèdes classiques

III.1.1. Procédés biologiques

Les procédés d'épuration par voie biologique sont communément utilisés pour le traitement des eaux résiduaires urbaines [50, 51]. Ces procédés ne sont pas toujours applicables sur les effluents industriels en raison des fortes concentrations de polluants, de la toxicité ou de la très faible biodégradabilité. Dans le cas de contaminants non favorables au traitement biologique (difficilement minéralisables), il est nécessaire d'utiliser des systèmes réactifs plus efficaces que ceux adoptés dans des procédés de traitement conventionnels. De plus, ces techniques génèrent des quantités de boues biologiques importantes à retraiter.

La biodégradation est favorable pour les eaux usées présentant un rapport DBO5/DCO > 0,5. Par contre, elle est très limitée lorsque ce rapport est inférieur à 0,2 [52]. Ce rapport appelé degré de dégradation biochimique, sert de mesure pour la dégradabilité biochimique des polluants dans les eaux usées. La quantité de composés non dégradables biochimiquement est élevée quand ce rapport tend vers zéro [53].

III.1.2. Procédés physico-chimiques

Les procédés physico-chimiques regroupent les technologies membranaires [54], les techniques d'adsorption [55], d'échange d'ions [56], de séparation sur charbon actif [57] et des procédés de séparation solide-liquide (précipitation [58], coagulation [59], floculation [60] et décantation [61]. Le principe de ces techniques est de concentrer les polluants, puis de les incinère ou de les mettre en décharge. Ces techniques nécessitent de ce fait, un traitement ultérieur.

III.1.3. L'incinération

L'incinération [62,63] est un procédé très efficace mais génère un coût de traitement très élevé. Cette technique est très pratique dans le cas de petits volumes présentant une forte concentration. Cependant, elle est soumise à une réglementation de plus en plus stricte à cause de la possibilité de production de dioxines provenant des fumées d'incinération.

III.2. Les procédés d'oxydation avancée

Les pesticides et les métaux lourds représentent une menace réelle pour les ressources en eau. Cette pollution affecte en priorité les eaux de surface, où l'on observe une présence de pesticides et de métaux lourds sur l'ensemble des cours d'eau. De plus, les procédés classiques de traitement des eaux usées issues de l'agriculture ou de l'industrie trouvent très souvent des limites liées à leur toxicité, à leur biodisponibilité, ou à leur faible réactivité chimique ou physique, d'où une forte persistance de cette pollution dans l'eau. Pour remédier à la non efficacité des procédés classiques, (biodégradabilité réduite des effluents industriels à cause de leurs fortes concentrations en polluants toxiques, concentration de la pollution par les procédés de séparation non dégradants (physiques), coût de traitement élevé et délais d'attente importants pour l'incinération et une toxicité de plus en plus accrue de nouveaux produits), l'intention de développer des techniques de traitement rapides, moins onéreuses et plus adaptées aux composés organiques réfractaires ou toxiques comme les procédés d'oxydation avancée (POA) ont vu le jour. Les POA sont des techniques de traitement faisant appel à des intermédiaires radicalaires très réactifs, particulièrement les radicaux hydroxyles (•OH) à température ambiante. Le développement des POA, pour le traitement des eaux contaminées par les matières organiques, est une tentative de tirer d'avantage de la non sélectivité et de la rapidité de réaction des (•OH).

Les radicaux hydroxyles sont utilisés pour dégrader par voie oxydante les polluants organiques contenus dans l'eau soit en sous-produits biodégradables, soit conduire à la minéralisation (transformation en eau, dioxyde de carbone et ions minéraux) [64- 68].

Ils présentent l'avantage de :

❖ Ne pas induire de pollution secondaire;

❖ Ne pas être toxique;

❖ Ne pas être corrosif pour les équipements;

❖ Être le plus rentable possible;

❖ Être relativement simple à manipuler.

Les radicaux hydroxyles (OH•), espèces responsables de la dégradation des polluants organiques, sont très actifs et peu sélectifs. Ils sont donc capables de réagir avec n'importe quel polluant. Les constantes de réaction, des radicaux hydroxyles avec la plupart des composés organiques connus, sont comprises entre 10^{-6} et 10^{-9} mol.L^{-1}.s^{-1} [69]. Ces derniers peuvent être produits par différentes méthodes telles que : l'électrochimie, la photochimie, la radiolyse et la réaction de Fenton [70].

En plus, ces techniques d'oxydations avancées fonctionnent à température et pression ambiante, ce qui les rend relativement moins chère que d'autres techniques classiques qui nécessite une grande énergie pour réaliser le même travail, sachant qu'il y a des composées non dégradable. En effet, certains produits sont chimiquement très stables et difficile à éliminer, c'est dans ce type de cas qu'il convient d'utiliser des techniques plus performantes tel que les POA. Les techniques d'oxydation avancée fréquemment citées dans la littérature sont les suivantes :

III.2.1.Procédé Fenton

Ce procédé a été découvert au siècle dernier par Henry John Horst Man Fenton [71] mais il fait encore l'objet d'un grand nombre de recherches dans le domaine du traitement de l'eau [72-74]. C'est un procédé d'oxydation très simple produisant des radicaux hydroxyles à partir d'H_2O_2 et de Fe^{2+} selon la réaction (1) suivante :

$$Fe^{2+} + H_2O_2 \rightarrow Fe^{3+} + OH^- + °OH \qquad (1) \quad [75]$$

Les radicaux °OH générés par cette réaction peuvent ensuite dégrader les polluants organiques dissous dans l'effluent à traiter par une réaction d'oxydoréduction classique. Le fer II et le peroxyde d'hydrogène sont des réactifs relativement peu chers et non toxiques. L'inconvénient de ce procédé est le contrôle du pH de manière très stricte pour un bon déroulement de la réaction.

III.2.2. Procédés photochimiques

La dégradation des micropolluants organiques est possible à travers divers procédés photochimiques qui nécessite une source artificielle de rayonnement [76] (généralement des lampes à haute pression de mercure ou arc à xénon) ou l'irradiation par des rayonnements solaires [77]. La photochimie directe requière une durée de traitement longue avec une quantité d'énergie importante et c'est rarement qu'on obtient une dégradation complète des polluants.

Le rendement de dégradation des polluants organiques par des POA photochimiques peut être nettement amélioré en utilisant la photocatalyse homogène ou hétérogène [78]. Les procédés homogènes (photolyse de H_2O_2, photo-Fenton, etc.) se déroulent en milieu homogène, contrairement aux procédés hétérogènes qui emploient des semi-conducteurs tels que TiO_2, ZnO, etc. comme catalyseur.

III.2.3. Procédé Photo Fenton

Le procédé Fenton est aujourd'hui moins étudié que le procédé Photo Fenton. La réaction de base de cette variante du procédé Fenton est toujours la réaction (1). Mais en présence d'un rayonnement UV (λ >260 nm). L'efficacité du procédé Fenton est améliorée [79-84].

En présence d'un rayonnement UV, l'hydrolyse des complexes formés par Fe^{3+} entraîne la régénération de Fe^{2+} consommés par la réaction (1) et produit des radicaux hydroxyles additionnels selon la réaction (2) :

$$\text{Fe (OH)}_2 + h\nu \rightarrow Fe^{2+} + {}^{\circ}OH \qquad (2)$$

On a donc, grâce à l'irradiation, une régénération du catalyseur Fe^{2+} et une source supplémentaire de $^{\circ}OH$. Le procédé Photo Fenton est plus efficace que le procédé Fenton, mais présente le même inconvénient concernant le contrôle du pH.

III.2.4. H_2O_2 / UV

Le peroxyde d'hydrogène est introduit dans l'effluent à traiter. Le mélange subit ensuite une irradiation UV. Les longueurs d'onde choisies sont généralement dans le domaine de l'UVC (254nm) [85] ou de l'UVA (365 nm) [86, 87]. Certains auteurs ont aussi utilisé une lampe à vapeur de mercure moyenne pression présentant des raies d'émissions en UVA, B et C [88]. Le rayonnement UV provoque le clivage homolytique de la molécule d'H_2O_2 (3) :

$$H_2O_2 + h\nu \rightarrow 2\ {}^{\circ}OH \qquad (3)$$

La vitesse de décomposition photolytique du peroxyde d'hydrogène augmente en conditions basiques [89]. Mais en fonction du polluant à traiter, des auteurs ont prouvé que la décomposition pouvait être plus rapide en conditions acides [90]. Le procédé est donc très dépendant du pH.

Le principal inconvénient est dû à la présence de composés organiques dans l'eau qui absorbe une partie du rayonnement UV, ralentissant ainsi la vitesse de décomposition de H_2O_2 en deux radicaux °OH.

III.2.5. Procédés basés sur la photolyse

III.2.5.1. La photolyse direct

La photolyse est la dissociation d'un composé, directement provoquée par son exposition au rayonnement. C'est une voie importante d'élimination des polluants organiques chimiquement stables et peu biodégradables, en particulier les pesticides [91-93]. Elle ne peut intervenir dans le milieu aquatique naturel que si les espèces absorbent la lumière du jour, c'est-à-dire à $\lambda > 290$-300nm. Le plus souvent, les molécules organiques absorbent dans l'ultra-violet. L'eau, milieu polaire et ionisant, joue souvent un rôle important dans l'orientation et la spécificité des réactions mises en jeu. L'irradiation en milieu aqueux d'un composé organique dans le domaine de son spectre d'absorption peut conduire à une réaction chimique qui procède par deux voies principales :

• Soit par le transfert d'un électron d'une orbitale moléculaire dans une autre énergétiquement plus élevée (300 à 600 KJ mol^{-1}) pour provoquer diverses transitions électroniques.

• Soit par la rupture des liaisons simples telles que:

C-H (412 KJ mol^{-1})   C-C (345 KJ mol^{-1})

C-Cl (338 KJ mol^{-1})   C-O (357 KJ mol^{-1})

C-S (372 KJ mol^{-1})

Le composé oxydé par la photo-excitation initiale (Réaction 4) réagit avec le dioxygène dissous dans l'eau avant d'être transformé en sous-produits (Réaction 5 et 6). Cependant, certains produits d'oxydation formés sont parfois plus toxiques que les composés parents [94].

La vitesse de photodégradation des composés organiques dépend principalement de l'intensité de la lumière absorbée, du rendement quantique de la réaction et des conditions opératoires utilisées (pH, solvants....).

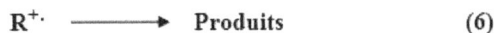

$$R + h\upsilon \longrightarrow R^* \qquad (4)$$

$$R^* + O_2 \longrightarrow R^{+\cdot} + O_2^{\cdot-} \qquad (5)$$

$$R^{+\cdot} \longrightarrow \text{Produits} \qquad (6)$$

III.2.5.2. Photolyse par O_3 / UV

Le procédé O_3 / UV, un peu plus complexe que les précédents, produit des radicaux hydroxyles par plusieurs voies réactionnelles. Les réactions initiales généralement citées sont les suivantes (7, 8, 9) [95]:

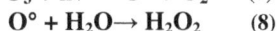

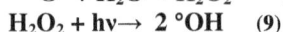

$$O_3 + h\nu \rightarrow O° + O_2 \qquad (7)$$
$$O° + H_2O \rightarrow H_2O_2 \qquad (8)$$
$$H_2O_2 + h\nu \rightarrow 2\ °OH \qquad (9)$$

Ce schéma réactionnel permet de comprendre que le système O_3 / UV peut être assimilé à un couplage des procédés d'oxydation O_3 et H_2O_2 / UV. La production de radicaux hydroxyles dépend donc à la fois de la décomposition de l'ozone dans l'eau et de celle de H_2O_2 sous l'effet du rayonnement UV.

III.2.6. Photocatalyse hétérogène

III.2.6.1. Photocatalyse

La photocatalyse hétérogène est un procédé complexe qui a fait l'objet de nombreuses études et recherche. Comme pour tout procédé incluant des réactions en phase hétérogène, le procédé photocatalytique peut être divisé en cinq étapes :

1. Transfert des molécules réactives dispersées dans le fluide vers la surface du catalyseur ;

2. Adsorption des molécules réactives sur la surface du catalyseur ;

3. Réaction sur la surface de la phase adsorbée ;

4. Désorption des produits ;

5. Eloignement des produits de l'interface fluide/catalyseur.

Le terme de photocatalyse est plus large, il ne repose pas sur une action catalytique de la lumière, mais plutôt sur une accélération de la photoréaction par la présence du catalyseur. Le terme de photoréaction est parfois remplacé par réaction photoinduite ou par réaction photoactivée [96-98].

L'oxyde de titane TiO_2 est le photocatalyseur le plus utilisé dans la dégradation des micropolluants organiques [96, 97] par la photocatalyse. Il s'agit d'un semi-conducteur qui absorbe de la lumière à $\lambda < 385$ nm. Il a été démontré que ce dernier possède une grande stabilité, une bonne performance et un prix intéressant. L'étape initiale de ce procédé photocatalytique est l'absorption des radiations UV avec formation des paires électrons-trous positives.

III.2.6.2. Photocatalyseur TiO_2

a. Choix de TiO_2

Le procédé de photocatalyse à base de semi-conducteurs, utilisé pour la purification de l'air et de l'eau, s'est surtout développé autour du dioxyde de titane grâce aux avantages considérables que présente ce composé [99-102]:

a. Il est stable, peu onéreux, non toxique;

b. C'est le photocatalyseur le plus efficace ;

c. Il favorise la photodégradation d'une large gamme de polluants à température ambiante ;

d. L'utilisation d'additifs n'est pas nécessaire.

b. Caractéristiques de TiO$_2$

TiO$_2$ existe sous différentes formes cristallines : le rutile, l'anatase, la brookite, plus rarement la variété bronze (TiO$_2$-B) et des phases obtenues sous haute-pression. De plus, TiO$_2$ existe sur un domaine de composition non stoechiométrique de formule générale TiO$_{2-x}$. Seuls le rutile et l'anatase jouent un rôle dans les applications de TiO$_2$. Leurs structures sont présentées sur la Figure I-4.

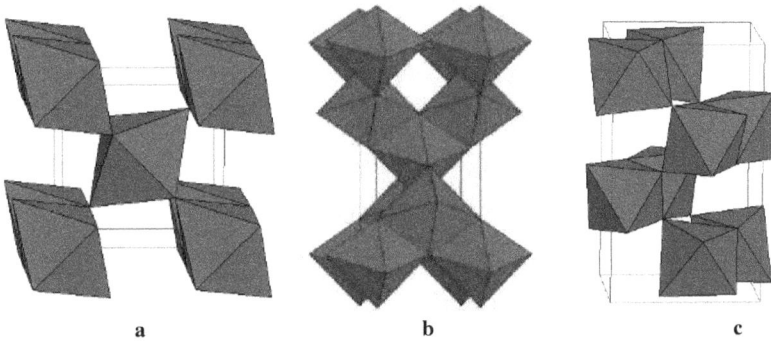

Figure I-4: Structure cristalline des trois formes allotropiques les plus courantes de TiO$_2$: anatase (a), rutile (b) et brookite (c)

En ce qui concerne l'activité photocatalytique, il a été observé que généralement la forme anatase était nettement plus active que la forme rutile. La forme commerciale de TiO$_2$ la plus largement utilisée en photocatalyse provient de la compagnie Allemande Degussa sous le nom de TiO$_2$-P25. Ce produit formé d'environ 80% d'anatase et de 20% de rutile, a une surface spécifique de 50m^{2}g^{-1} [103-106]. Cette différence observée au niveau de l'activité a été attribuée par certains auteurs à un degré d'hydroxylation élevé de la surface de l'anatase par rapport au rutile [107, 108].

III.2.6.3. Principe de la photocatalyse hétérogène

a. Production des radicaux OH•

Le processus photocatalytique repose sur l'excitation du TiO_2 par un rayonnement lumineux de longueur d'onde inférieur à 400 nm. Un électron passe de la bande de valence à la bande de conduction, créant un site d'oxydation (un trou h^+) et un site de réduction (un électron) [109].

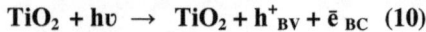

$$TiO_2 + h\upsilon \rightarrow TiO_2 + h^+_{BV} + \bar{e}_{BC} \quad (10)$$

BC : bande de conduction, **BV** : bande de valence.

Les trous h^+ (Figure I-5) réagissent avec des donneurs d'électrons tels que l'eau, les anions OH⁻ adsorbés et les produits organiques R adsorbés à la surface du semi-conducteur en formant des radicaux hydroxyles [110] et R° selon les réactions suivantes :

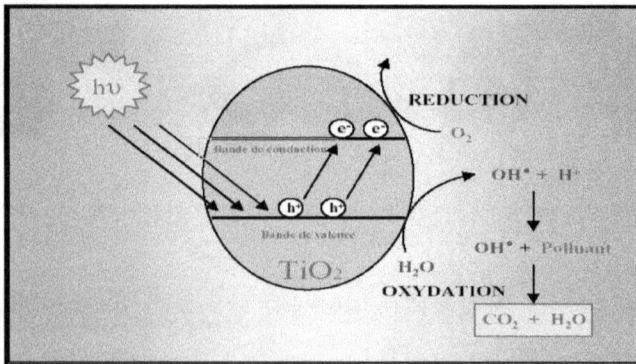

Figure I-5 : Mécanisme de dégradation photocatalytique

En l'absence d'accepteur et de donneur d'électrons appropriés, on assiste à l'annihilation trou/électron (réaction de recombinaison très rapide de l'ordre du picoseconde) [111, 112].

$$TiO_2 + h^+_{BV} + \bar{e}_{BC} \rightarrow TiO_2 \quad (11)$$

Cette réaction montre l'importance de l'eau et de l'oxygène dans un processus photocatalytique [113]. La recombinaison trou – électron est un facteur qui limite l'efficacité de cette méthode car la probabilité de recombinaison est d'environ 99,9% [114].

Il existe plusieurs solutions pour augmenter l'efficacité photocatalytique. Le dopage du semi conducteur par d'autres métaux [115] afin d'élargir la gamme d'adsorption vers le visible ou encore l'ajout dans le milieu réactionnel des accepteurs d'électrons (Ozone, peroxyde, d'hydrogène, Fe^{3+}…) limitant la recombinaison de charges [114-117].

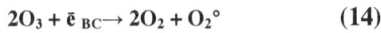

$$H_2O_2 + \bar{e}_{BC} \rightarrow OH^- + {}°OH \qquad \textbf{(12)}$$

$$H_2O_2 + O_2{}° \rightarrow O_2 + OH^- + {}°OH \qquad \textbf{(13)}$$

$$2O_3 + \bar{e}_{BC} \rightarrow 2O_2 + O_2{}° \qquad \textbf{(14)}$$

Le peroxyde d'hydrogène a le double avantage d'absorber dans l'U.V et de conduire à la formation de nouveaux radicaux hydroxyles :

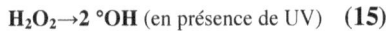

$$H_2O_2 \rightarrow 2\ {}°OH \ \text{(en présence de UV)} \quad \textbf{(15)}$$

Malheureusement, le coefficient d'absorption molaire est faible entre 300 et 400 nm (composante U.V. du spectre lumineux de la lampe). Il est alors nécessaire d'utiliser une très forte concentration en peroxyde d'hydrogène pour provoquer l'oxydation efficace des produits.

$$H_2O + h^+ \ \rightarrow \ H^+ + {}°OH_{ads} \quad \textbf{(16)}$$

$$OH^- + h^+ \ \rightarrow \ {}°OH_{ads} \qquad \textbf{(17)}$$

$$R_{ads} + h^+ \rightarrow \ R{}°_{ads} \qquad \textbf{(18)}$$

Les électrons réagissent (Figure I-5) avec des accepteurs d'électrons tels que le dioxygène pour former des radicaux super oxydes [112].

b. Facteurs influençant la photocatalyse hétérogène

b.1. Influence du pH

Le pH en solution aqueuse affecte énormément la charge de surface du TiO_2 ainsi que la taille des agrégats [118].

Le pH pour lequel la charge de surface de l'oxyde est nulle s'appelle Point de Zéro Charge (pH_{PZC}). Il est de 6,5 environ pour le TiO_2 DEGUSSA P25 qui est le TiO_2 le plus utilisé en photocatalyse expérimentale. Avant et après ce pH, la surface de l'oxyde est chargée :

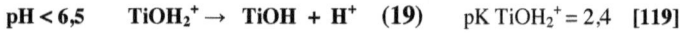

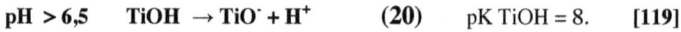

$$pH < 6,5 \quad TiOH_2^+ \rightarrow TiOH + H^+ \quad (19) \quad pK\ TiOH_2^+ = 2,4 \quad [119]$$

$$pH > 6,5 \quad TiOH \rightarrow TiO^- + H^+ \quad (20) \quad pK\ TiOH = 8. \quad [119]$$

L'influence du pH sur la taille des particules de TiO_2 en suspension aqueuse est représentée sur la figure I-6.

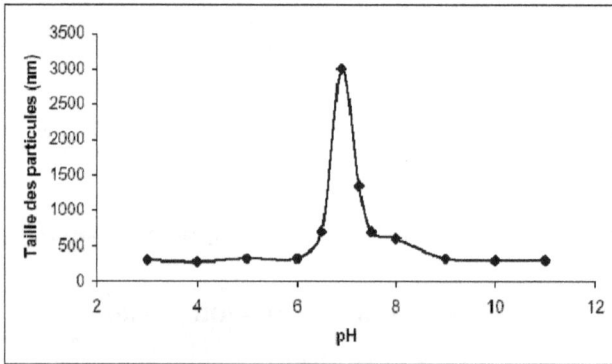

Figure I-6 : Influence du pH sur la taille moyenne des particules de TiO_2 P25 en solution aqueuse ($[TiO_2]=0,2$ g/L) [120].

Lorsque le pH approche du pH_{PZC} (6,5), la charge de surface de l'oxyde disparaît. Il y a donc beaucoup moins d'interactions électrostatiques entre les particules, ce qui favorise le phénomène d'agrégation et de formation de clusters de TiO_2 [121].

b.2. Influence de la concentration en catalyseur

Dans un photo-réacteur, la vitesse de réaction initiale est directement proportionnelle à la masse de catalyseur engagée. Cela indique que le système catalytique est vraiment hétérogène. Cependant, à partir d'une certaine valeur de concentration en catalyseur, la vitesse de réaction devient indépendante de la masse en catalyseur [122,123]. En effet, pour une quantité bien définie de TiO_2, il est nécessaire de bien connaître la surface de catalyseur effectivement irradiée. Quand la concentration en catalyseur est très grande, la lumière atteint difficilement le cœur du réacteur.

L'idée émergente sur l'influence de la concentration en catalyseur est que la radiation incidente dans le photoréacteur et le chemin optique sont fondamentaux dans la détermination de la concentration optimale en catalyseur [124]. Généralement, la vitesse de réaction augmente très faiblement avec la concentration en catalyseur, sauf aux faibles concentrations (inférieures à 100 mg/L) où le phénomène est plus visible. Après que la vitesse de réaction se soit stabilisée pour des concentrations plus élevées en TiO_2, la vitesse de réaction va diminuer. Alors, il n'est pas nécessaire d'augmenter la concentration en catalyseur.

b.3. Influence de la concentration en polluant

Pour une faible concentration en polluant, l'expression de la vitesse de photo minéralisation des polluants organiques suit la loi de Langmuir-Hinshelwood (L-H) [125].

Quatre cas sont alors possibles :

- La réaction a lieu entre deux substances adsorbées : le radical et le polluant ;
- La réaction se produit entre un radical en solution et le polluant adsorbé ;
- La réaction se produit entre un radical de la surface et le polluant en solution ;
- La réaction se produit entre les deux espèces en solution.

Dans tous les cas, l'expression de l'équation est similaire au modèle de L-H. Pour les études cinétiques seulement, il n'est pas possible de déterminer si le processus a lieu à la surface du catalyseur ou en solution. Bien que l'isotherme de L-H a été rapidement utilisé dans la modélisation, il est généralement admis que la constante de vitesse et son ordre sont « apparents ». Ils servent à décrire la vitesse de dégradation, et peuvent être utilisés pour optimiser un réacteur, mais ils n'ont pas de réalité physique, et ne peuvent être utilisés pour identifier les réactions de surface [125].

b.4. Influence du flux lumineux

Depuis 1990, l'intérêt pour les technologies solaires permettant la dépollution n'a cessé d'augmenter [126]. Les premières expériences effectuées avec un réacteur parabolique, permettant la dépollution de l'eau et des fumées pour le traitement en phase gazeuse, ont évolué vers des systèmes à flux faibles. L'utilisation d'un système solaire pour le traitement de l'eau est très avantageuse car l'ordre de la vitesse de dégradation est peu influencé par l'intensité lumineuse. Des expériences ont montré qu'au-dessus d'un certain flux photonique, l'influence de l'intensité sur la vitesse de réaction diminue de l'ordre 1 vers l'ordre 0,5 [127, 128]. Pour un semi-conducteur de type n, comme le dioxyde de titane [129], les trous photo induits sont moins nombreux que les électrons : [h+]<< [e-]. Les trous sont donc les espèces actives limitantes.

Actuellement, ce phénomène apparaît plus fréquemment dans les travaux avec un catalyseur supporté, et/ou lorsque l'agitation est faible, ce qui implique une plus petite surface en contact avec la solution. L'intensité à laquelle se produit le changement d'ordre est différente suivant les conditions expérimentales du système [128].

b.5. Influence de la nature du catalyseur

La vitesse de dégradation de certains polluants peut varier en fonction du catalyseur utilisé. Cela dépend fortement du mode de préparation du TiO_2 et des conditions expérimentales [130]. Il est possible de comparer la photo activité de différentes poudres et d'essayer de comprendre pourquoi des catalyseurs, apparemment identiques, présentent des activités photo catalytiques différentes.

La différence de photo activité entre l'anatase et le rutile est difficile à expliquer. Il a été montré que les vitesses de recombinaison trou/électron sont significativement différentes entre l'anatase et le rutile (la vitesse est beaucoup plus grande pour le rutile [131]). Ce paramètre joue un rôle néfaste sur la vitesse de photo dégradation des polluants car elle limite la formation des radicaux hydroxyles nécessaires aux réactions.

Les facteurs électroniques ne sont pas suffisants pour expliquer la différence de photo réactivité entre les deux phases, et plusieurs paramètres physico-chimiques peuvent être considérés :

- La surface hydroxylée du catalyseur est le paramètre le plus important [132] car les groupements hydroxyles sont essentiels dans le mécanisme de photo dégradation. La présence de groupements hydroxyles à la surface du TiO_2 favorise l'adsorption de O_2 qui est réductible par capture d'électrons photo produits.

- La taille des particules est un autre paramètre important. En effet, des petites particules présentent une meilleure dispersion dans la phase aqueuse et favorisent donc les interactions photons/catalyseur/polluants à dégrader.

- La surface spécifique du catalyseur : elle est proportionnelle à la taille des particules et joue un rôle important dans les interactions catalyseur/polluants. Il a été montré que plus la surface spécifique est grande, plus les polluants peuvent s'adsorber à la surface du catalyseur et peuvent réagir rapidement avec les radicaux hydroxyles formés à la surface du TiO_2 [133].

IV. Conclusion

De nombreux pesticides sont dispersés dans l'environnement et principalement dans les eaux naturelles, suite à leur utilisation agricole. Ces composés sont généralement persistants en milieu naturel et toxique pour les êtres vivants qui les ingèrent. Ils sont donc peu biodégradables et actifs à très faible dose. Leur utilisation et leur taux de rejet dans les eaux sont strictement règlementés. La pollution des eaux par ces pesticides est un problème mondial dont les aspects et la portée sont évidemment différents selon le niveau de développement des pays. Cependant, lorsque l'eau est polluée par des substances toxiques et persistantes, un traitement adéquat est nécessaire pour la protection de l'environnement

La photolyse et la photocatalyse sont parmi les méthodes utilisées pour dégrader les polluants toxiques. Ces formes de dégradation permettent de libérer les radicaux hydroxyles (oxydants puissants) qui sont capables de dégrader et de transformer les polluants organiques persistants. L'importance de leur acuité dépend de la température, du pH, la nature du milieu et la concentration du catalyseur. Dans ce travail, nous allons étudier la cinétique de dégradation d'un pesticide type « phénamiphos » par photolyse et par photocatalyse en utilisant deux types de catalyseurs de TiO_2 (P25 et PC500) sous forme poudre et supporté sur verre borosilicaté afin de déterminer les conditions optimales de dégradation et de minéralisation de ce pesticide en solution aqueuse.

Chapitre II :
Matériaux et Méthodes

I. Produits Chimiques et matériaux

I.1. L'insecticide étudié

L'insecticide utilisé dans notre étude est un nématicide de la famille des organophosphorés [36] appelé « Le phénamiphos ou bien O-ethyl-O(3-methyl-4-methylthiophenyl)-isopropylamido-phosphate » avec une pureté de 99,4%. Sa formule brute est le $C_{13}H_{22}NO_3PS$. Sa fiche technique a été présentée dans le chapitre I, paragraphe II.2 (page 28).

I.2. Produits chimiques utilisés

Les produits chimiques utilisés dans cette étude, ont été choisis parmi les produits commerciaux de plus haute pureté possible et ont été utilisés sans aucune purification supplémentaire (tableau II-1).

Tableau II-1: Produits chimiques et matériaux utilisés dans cette étude.

Produits	Pureté (%)
Méthanol	≥ 99.98
Eau	
Acide formique	99.95
Acétate d'ammonium, $(CH_3COO^- + NH_4^+)$	99.9
Dihydrogénophosphate de potassium, KH_2PO_4	99
Hydrogénophosphate de potassium, K_2HPO_4	99

L'eau utilisée a été épurée en utilisant un système de Millipore-MilliQ (Millipore, Billerica, MA, USA), dont la résistivité est de 18,2 $M\Omega.cm^{-1}$. Les mesures du pH ont été ajustées à l'aide d'un pH - mètre Meterlab.

I.3. Photocatalyseurs utilisés

Dans ce travail, nous avons choisi deux types commerciaux de dioxyde de titane et qui sont utilisées habituellement comme catalyseurs :

- Le catalyseur TiO_2 de type « Degussa P-25 », fournis par Sigma Aldrich (Angleterre), c'est le seul échantillon constitué d'un mélange de deux formes allotropiques, il contient une majorité d'anatase (80 %) et une fraction de rutile (20 %), il a une surface spécifique (BET) de l'ordre de 50 m^2/g. Le diamètre de ses particules est d'environ 20 nm [134].

- Le catalyseur TiO_2 de type « Millennium PC-500 », fournis par Sigma Aldrich, est constitué de 100 % d'anatase et il a une surface spécifique (BET) d'environ 317 m^2/g avec un diamètre de particules entre 5 et 10 nm.

Les deux catalyseurs ont été étudiés dans ce travail sous deux formes :

➢ En poudre (utilisés en suspension dans la solution à traiter).

➢ Supportés : TiO_2 a été immobilisé sur verre type borosilicate pour faire un dépôt de TiO_2 (figure II-1) en utilisant deux méthodes de revêtement : revêtement par immersion ou bien revêtement par pulvérisation.

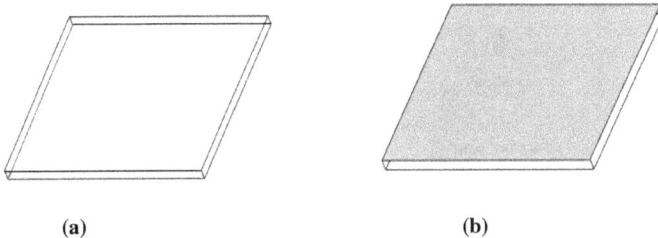

(a) (b)

Figure II-1 : Verre de borosilicate sans dépôt (a) et avec dépôt (b) de TiO_2 utilisé dans la photolyse et la photocatalyse.

II. Instrumentation

I1.1. Le dispositif de Photodégradation

La dégradation photolytique du phénamiphos a été réalisée avec deux types de photoréacteurs cylindriques et avec différentes lampes :

II.1.1. Lampe à vapeur de mercure à haute pression HPK

Un photoréacteur en pyrex de capacité de 500 mL, permettant ainsi de simuler une partie du rayonnement solaire en supprimant les longueurs d'ondes inférieures à 290 nm, a été utilisé (Figure II-2 (a)). Ce photoréacteur est équipé d'une lampe à vapeur de mercure à haute pression HPK (Philips 125W) (Figure II-2 (b)), contenue dans une enveloppe à double paroi permettant son refroidissement. Le spectre d'émission de cette lampe se présente dans le domaine de longueur d'onde 250–450 nm, avec un maximum d'émission à 365,5 nm. (Figure II-3).

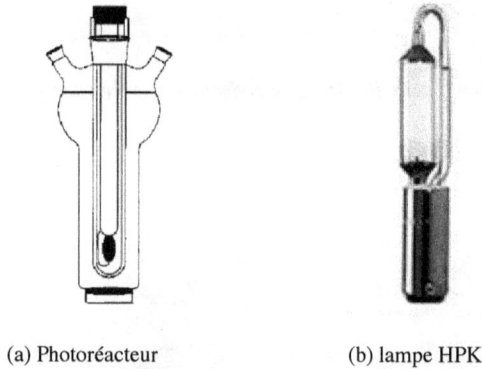

(a) Photoréacteur   (b) lampe HPK

Figure II-2 : Système d´irradiation (a) équipé d'une lampe HPK Philips 125W (b).

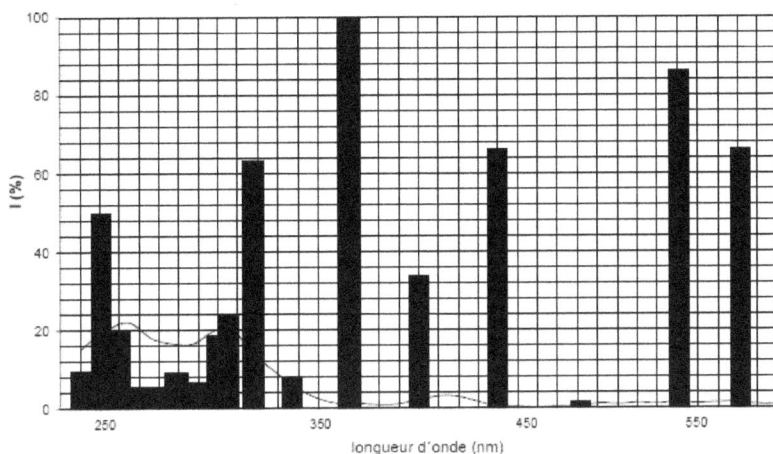

Figure II-3: Raies d´émission de la lampe HPK Philips 125 W.

II.1.2. Lampe fluorescente UV-A Philips, PL-S 9W/10

Le $2^{\text{ème}}$ photoréacteur cylindrique utilisé est en pyrex, à double paroi (de 500 mL), connectée à un système de refroidissement et de ventilation afin de contrôler la température. Le dispositif comprend un récipient à double parois et d'une hélice en acier inoxydable utilisé pour assurer l'agitation mécanique de la solution. La plaque de verre couverte ou non de TiO_2 est éclairée en dessous par une lampe fluorescente UV-A Philips, PL-S 9W/10, qui a une longueur d'onde de 370 nm positionné à une distance de 2,5 cm de la plaque de verre TiO_2 (Figure II-4). L'intensité lumineuse entrant dans le réacteur a été déterminée par actinométrie au ferrioxalate de potassium [135]. Le spectre d'émission de cette lampe se présente dans le domaine de longueur d'onde 340–420 nm, avec un maximum d'émission à 370 nm. (Figure II-5).

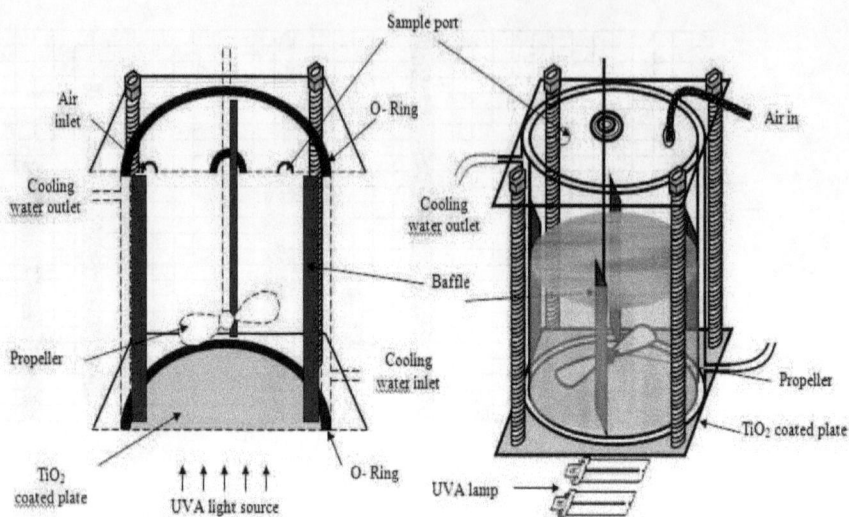

Figure II-4 : Système d´irradiation avec une lampe Philips : PL-S 9W/10.

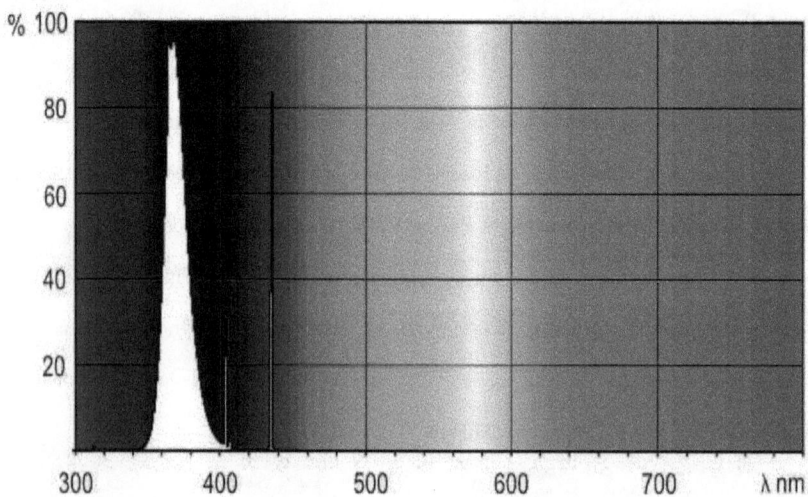

Figure II-5: Raies d´émission de la lampe Philips : PL-S 9W/10.

II.1.3. Suntest Heraeus

L'irradiation du phénamiphos a été étudiée sous des radiations proches de celles du soleil grâce à un simulateur solaire Suntest (CPS+, Heraeus "Hanau, Allemagne"), équipé d'une lampe arc au xénon (280- 800 nm; 765 Wm^{-2}). La lampe a été placée indépendamment à 20 cm au dessus du photoréacteur cylindrique en Pyrex (v = 500 mL) lié à un système de refroidissement pour contrôler la température (Figure II-6). Durant toutes les expériences de la dégradation, le pH et la température des solutions sont demeurés constants (pH=5,6 ; T=25°C).

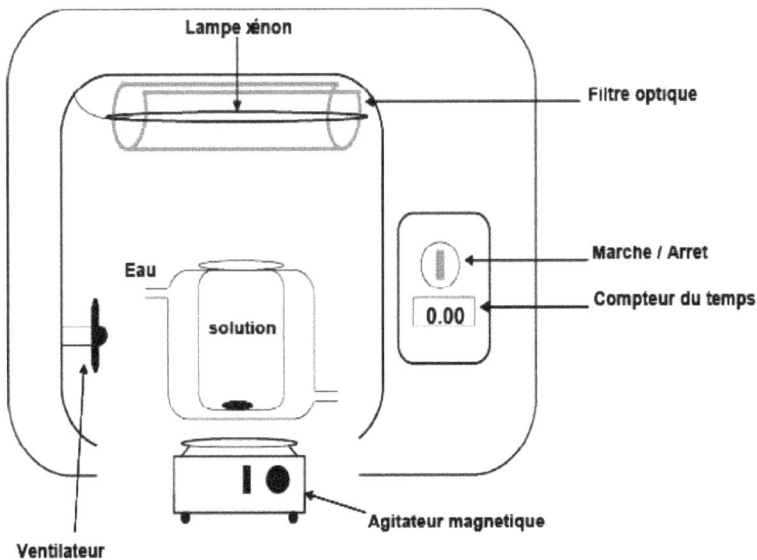

Figure II-6 : Dispositif expérimental d'irradiation avec le Suntest.

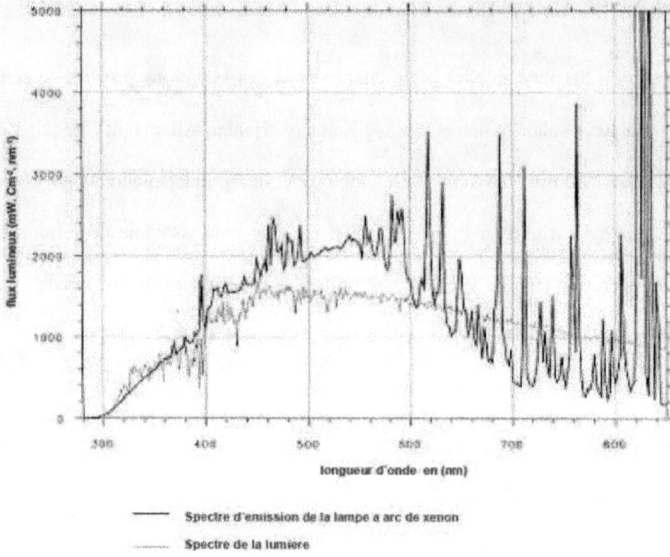

Figure II-7: Spectre d´émission de la lampe à arc de xénon entre 280 et 800 nm.

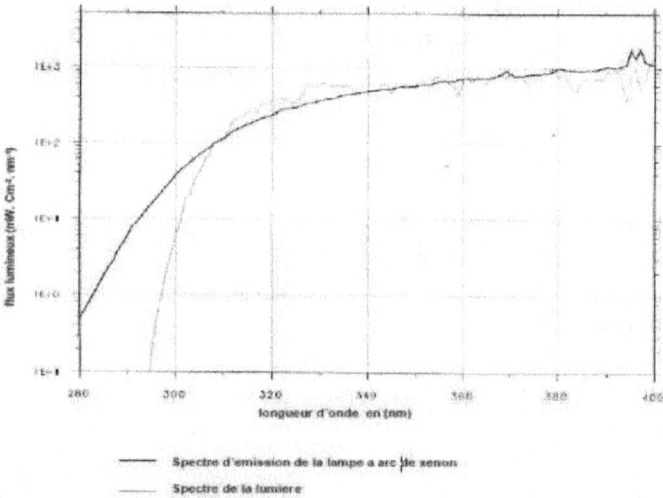

Figure II-8: Spectre d´émission de la lampe à arc de xénon entre 280 et 400 nm.

II.2. Techniques Analytiques

II.2.1. Conditions opératoires

Des solutions aqueuses à différentes concentrations en phénamiphos (50 mL) sont introduites dans les photoréacteurs où elles sont magnétiquement agitées et maintenues à une température constante (pH=5,6 ; T=25°C). Pour l'étude de la cinétique de dégradation, des prélèvements d'échantillons ont été faits à intervalles de temps réguliers et sont directement analysés par HPLC. Dans le cas du dioxyde de titane en poudre, une filtration préalable est nécessaire.

Nous avons préparé une solution mère du phénamiphos dans l'eau à une concentration de 1000 mg.L^{-1} (ppm). A partir de cette solution, nous avons préparé des solutions filles à des concentrations différentes (2 ppm – 5 ppm – 8 ppm – 11 ppm – 14 ppm – 17 ppm – 20 ppm). Ces échantillons sont analysés par HPLC-UV-MS à une longueur d'onde de 249 nm.

II.2.2. Analyse par HPLC-UV

La chromatographie liquide à haute performance HPLC est une technique de séparation des éléments d'un mélange basée sur l'utilisation de deux phases : une phase mobile liquide qui déplace l'échantillon et une phase stationnaire qui est située à l'intérieur de la colonne. Suivant la nature des deux phases utilisées, les éléments à séparer se répartissent de façon sélective en fonction de leurs poids moléculaire, leur taille ou leur charge.

Le dispositif expérimental utilisé dans cette étude est équipé par les éléments suivant (Figure II-9) :

- HPLC de type GBC ;
- Colonne : modèle Agilent Zorbax SB-C$_{18}$ (4,6*250 mm) ;
- Pompe modèle GBC LC 1150 ;

- Dégazeur de type GBC.

Les conditions d'analyse par HPLC sont indiquées dans le tableau II-2.

Tableau II-2 : Les conditions chromatographiques d'analyse du phénamiphos par HPLC-UV

Produit	Phénamiphos
Phase mobile	30% Eau + 70% Méthanol
Quantité injectée	$20 \, \mu L$
Longueur d'onde	249 nm
Débit	1 mL/min
Temps de rétention	13,78
Colonne	Agilent Zorbax SB-C_{18} (4,6*250 mm)

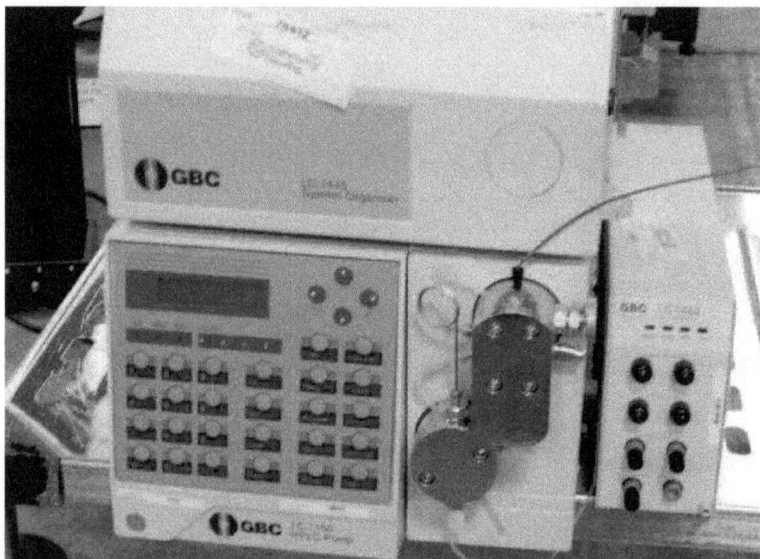

Figure II-9 : Dispositif expérimental : HPLC de type GBC.

II.2.3. Analyse par HPLC-LC/MS

Les cinétiques de dégradation du phénamiphos ont été suivies aussi par chromatographie liquide à haute performance couplée à la spectrométrie de masse (HPLC-LC/MS), en suivant la disparition du produit de départ.

Le chromatographe en phase liquide couplé au spectromètre de masse LC/MS utilisé dans cette étude est équipé par les éléments suivants : HPLC de type LC Surveyor de marque Thermo-Electron, colonne C18 (4,6*150 mm), Passeur automatique d'échantillons: permet d'augmenter la rentabilité de la HPLC en assurant un gain de temps considérable. Le passeur d'échantillons peut utiliser jusqu'à 200 flacons de capacité 1,8 mL. Il assure l'injection précise d'échantillons prélevés dans des flacons avec un volume d'injection variable et le rinçage de l'aiguille avec possibilité de plusieurs rinçages. Une pompe à gradient quaternaire avec un dégazeur intégré. Cette pompe assure un débit constant du solvant d'élution jusqu'à une pression max. de 400 bars. Un four inclus dans le passeur, stable entre 5 et 95°C, permettant de travailler dans des conditions constantes de température et pouvant contenir deux colonnes. Un détecteur UV à barrettes de diodes SURVEYOR : gamme spectrale de 190 à 800nm et un détecteur spectromètre de masse LCQ Advantage MAX type trappe d'ions. La source d'ionisation est en mode Electrospray ESI. L'ionisation des échantillons peut se faire en polarité positive ou négative (Figure II-10).

Les conditions d'analyse par LC/MS sont indiquées dans le tableau II-3 :

Tableau II-3: Les conditions chromatographiques d'analyse du phénamiphos par LC/MS

Produit	Phénamiphos
Eluant	30% Eau + 70% Méthanol
Quantité injectée	20 μL
Longueur d'onde	249 nm
Débit	0,2 mL/min
Temps de rétention	6,3
Colonne	C_{18} (4,6*150 mm)

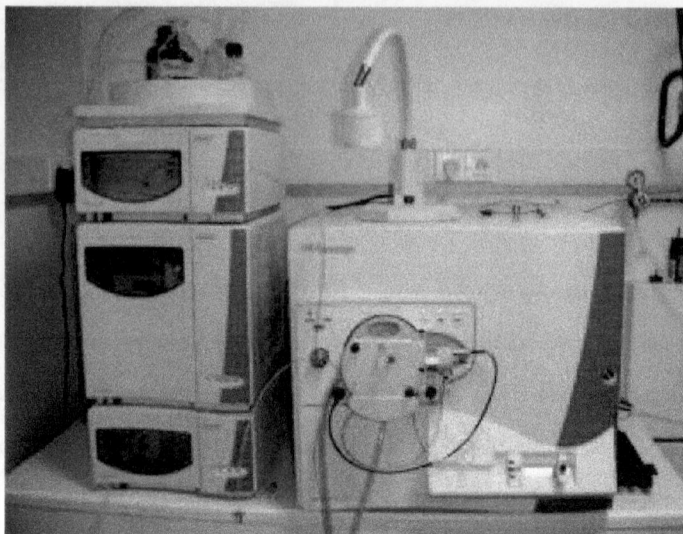

Figure II-10 : Dispositif expérimental pour HPLC de type LC Surveyor de marque Thermo-Electron

II.2.4. Mesure du Carbone Organique Total (COT)

Le carbone organique, composé d'une grande diversité d'origine à plusieurs états d'oxydation, est susceptible d'être oxydé par les procédés chimiques ou biologiques. Le dosage du COT se révèle être très adapté dans le cas où une partie de ce carbone échappe à ses mesures chimiques ou biologiques. La valeur du COT détermine complètement les composés difficilement ou non biodégradables biochimiquement qui sont d'une grande importance pour l'évaluation de la pollution de l'eau et des effluents. Pour déterminer la teneur en carbone total, les molécules organiques doivent être converties en une forme moléculaire capable d'être mesurée quantitativement. Cette forme moléculaire est le dioxyde de carbone (CO_2). La conversion nécessite des oxydants chimiques ou de l'énergie thermique (T = 680 °C en présence d'un catalyseur en platine) et de l'oxygène pur pour convertir le carbone organique en carbone minéral (CO_2).

Durant ce travail, les teneurs en COT ont été mesurées grâce à un analyseur Shimadzu VCSH TOC (Figure II-11) équipé d'un injecteur automatique pour la méthode carbone total (CT). Les échantillons sont acidifiés à 1% par l'acide chlorhydrique pour éviter la présence du carbone minérale (CO_2). Des volumes de 50 µL sont prélevés pour être analysés et chaque mesure est effectuée 3 fois par l'appareil.

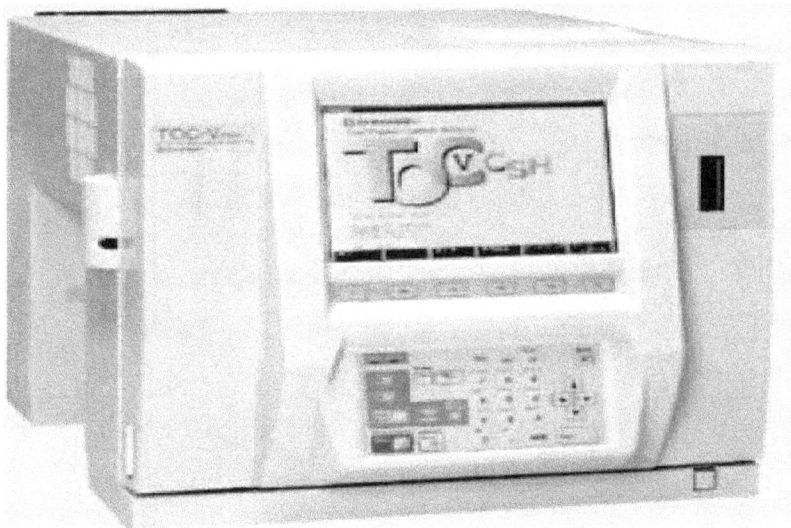

Figure II-11 : Dispositif expérimental pour la mesure du Carbone Organique Total.

Chapitre III :
Résultats et Discussion

L'objectif de ce chapitre est d'étudier la cinétique de dégradation photolytique et photocatalytique du phénamiphos en milieu aqueux (figure III-1). L'irradiation de cette molécule a été faite par la lampe HPK, la lumière solaire simulée, Suntest et la lampe Philips, en utilisant deux types de catalyseurs de TiO_2 (TiO_2 degussa P25 et TiO_2 PC 500).

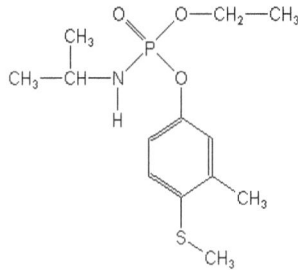

Figure III-1 : Structure de l'insecticide phénamiphos

Nous nous sommes intéressés donc á étudier :

-   L´influence de la puissance lumineuse sur la vitesse de dégradation ;

-   L'identification des sous-produits de transformation ;

-   Modélisation du phénomène de transformation du phénamiphos ;

-   L´influence de la concentration de l´insecticide sur la vitesse de dégradation ;

-   L´influence de la concentration et la nature du catalyseur sur la vitesse de dégradation ;

-   L´influence du pH sur la vitesse de dégradation.

Nous subdivisons ce chapitre en deux parties, la première sera consacrée à la présentation des résultats de la photolyse et la deuxième à la photocatalyse du phénamiphos en milieu aqueux.

Partie I
Etude de la photolyse du phénamiphos en milieu aqueux

I.   Introduction

Dans cette partie, nous allons étudier la photolyse du phénamiphos en milieu aqueux en utilisant trois types d'irradiations (la lampe à vapeur de mercure HPK, la lampe UV-A Philips, PL-S 9W/10 et la lumière solaire naturelle). La modélisation du phénomène de transformation du phénamiphos sera réalisée en utilisant la MRE.

II.   Etude de l'effet de l'intensité lumineuse sur la photolyse du phénamiphos

II.1. Irradiation directe par la lampe à mercure HPK (Philips 125 W) et UV-A (Philips)

En vue de comprendre le comportement du phénamiphos en milieu aqueux sous irradiation UV, une étude a été faite dans ce sens. En effet, le but de cette manipulation est l'étude de la cinétique de transformation du phénamiphos en solution aqueuse et en présence d'une irradiation UV à différentes intensités.

Après irradiation des échantillons sont prélevés de manières régulières puis analysés par HPLC-UV à une longueur d'onde de 249 nm, afin de suivre la cinétique de transformation de cette molécule selon le protocole présenté dans le chapitre II.

L'excitation directe d'une solution à 10 ppm du phénamiphos a été réalisée d'une part par la lampe HPK 125W-Philips pendant une durée de 2 heures, avec des prélèvements réguliers toutes les 10 minutes, et d'autre part par la lampe UV-A PL-S 9W/10-Philips pendant une durée de 3 heures, avec des prélèvements réguliers toutes les 30 minutes. Les durées d'irradiations ont été choisies de manière à dégrader au moins 50% de la concentration du produit initial.

Le tracé des courbes d'évolution de la concentration et de $Ln(C/C_0)$ en fonction du temps est présenté respectivement dans la figure III-2 et figure III-3.

Il apparaît sur la figure III-2 que la concentration du phénamiphos, présente initialement à 10 ppm, diminue régulièrement en fonction du temps à 1,6 ppm en utilisant la lampe HPK (80%

du produit a été transformé) et à 5 ppm en utilisant la lampe UV-A Philips (50% du produit été transformé) au bout de 180 minutes d'irradiation.

La décroissance de la concentration présente une allure exponentielle avec des variations linéaires de ln C/C_0 en fonction du temps (figure III-3), ce qui indique que la phototransformation suit une cinétique apparente d'ordre 1 ($C = C_0.e^{-kt}$). Les constantes de vitesse k, qui correspondent à la pente des droites représentant les variations de ln C/C_0 en fonction du temps ainsi que les constantes cinétiques et du temps de demi-vie (t½) sont représentées dans le tableau III-1.

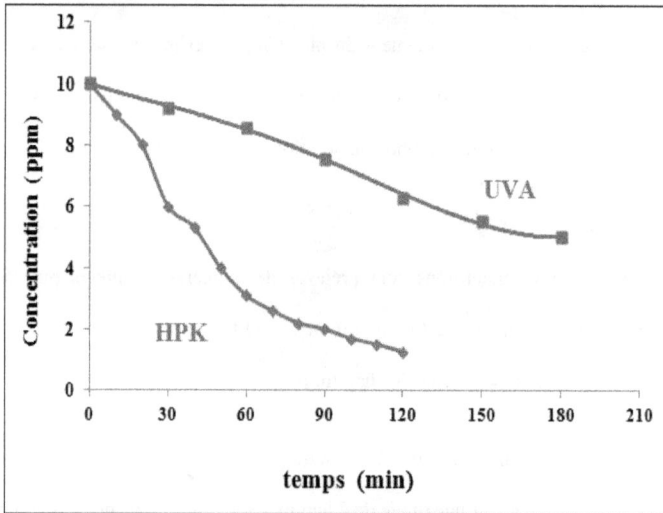

Figure III-2 : Evolution de la concentration du phénamiphos en fonction du temps d'irradiation par des lampes d'intensités différentes.

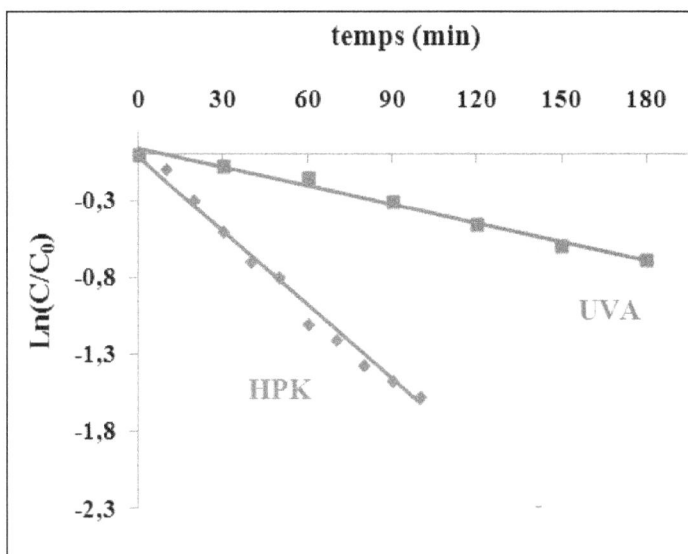

Figure III-3 : Tracé du logarithme Ln(C/C$_0$) en fonction du temps d'irradiation par des lampes d'intensités différentes.

Tableau III-1 : Valeurs de la constante cinétique et du temps de demi-vie de la photolyse du phénamiphos.

Lampes	Constante cinétique k (min^{-1})	Temps de demi-vie t $_{\frac{1}{2}}$ (min)
HPK (125W)	0,02	34,6
UV-A PL-S (9W/10)	0,00411	168,6

La cinétique de dégradation du phénamiphos est plus rapide avec la lampe HPK en comparaison avec la lampe UV-A PL-S. Ceci est dû au fait de la différence de puissance entre les deux lampes utilisées. En effet, la lampe HPK 125W-Phillips a un niveau élevé d'irradiation UV (A, B et C) alors que la lampe PL-S 9W/10 Phillips émet uniquement la radiation UV-A. La constante de vitesse apparente est proportionnelle à I$^{0.5}$ (Intensité de la lumière). La dépendance entre l'intensité de la lumière et la vitesse de décomposition de différents pesticides a été largement étudiée [136-139].

II.2. Irradiation directe par la lumière solaire

Pour suivre le comportement du phénamiphos en milieu aqueux dans des conditions naturelles, nous avons suivie la cinétique de transformation de cette molécule sous irradiation solaire. Les prélèvements sont effectués à un intervalle de temps de 7 jours et la durée totale de la manipulation a été de 21 jours.

Les tracés de la variation de la concentration du phénamiphos au cours du temps d'irradiation sont regroupés dans les figures III-4 et III-5.

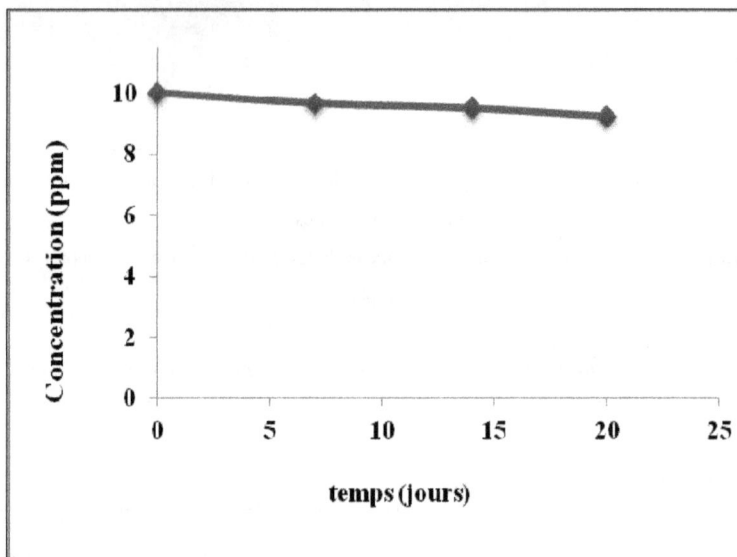

Figure III-4 : Evolution de la concentration du phénamiphos en fonction du temps d'irradiation sous lumière solaire naturelle.

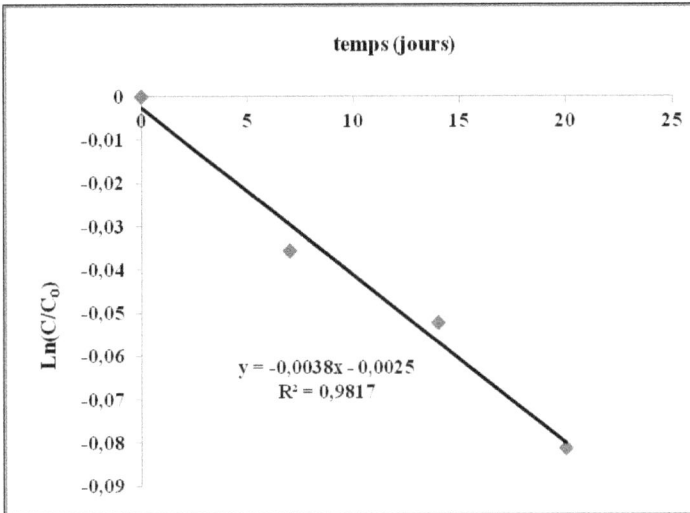

Figure III-5 : Tracé du logarithme Ln(C/C$_0$) en fonction du temps d'irradiation sous lumière solaire naturelle.

Sous irradiation solaire (figure III-4), la concentration du phénamiphos, présente initialement à 10 ppm, diminue lentement en fonction du temps d'irradiation. La décroissance de la concentration présente une allure exponentielle avec des variations linéaires de ln C/C$_0$ en fonction du temps (figure III-5), ce qui indique que la phototransformation suit une cinétique apparente du premier ordre (C=C$_0$.e^{-kt}). Les valeurs de la constante cinétique ainsi que le temps de demi-vie (t½) sont respectivement égale à 0 ,0038 jours $^{-1}$ et à 180 jours.

En comparaison avec les lampes précédentes, la cinétique de réaction est plus lente lors des irradiations par les rayonnements solaires, seulement 10% du phénamiphos s'est transformé sous irradiation solaire pendant une durée de 21 jours. Cette différence pourrait s'expliquer par la supériorité de l'intensité du flux lumineux délivré par les lampes Philips par rapport à celle du rayonnement solaire [136]. De plus, l'intensité du rayonnement solaire change d'une période à une autre, en fonction des saisons et de l'orientation du soleil.

II.3. Conclusion

Nous avons étudié la transformation du phénamiphos par photolyse en utilisant 3 types d'irradiations. L'excitation directe du phénamiphos par des lampes d'intensité différente, montre qu'il y'a une diminution de la concentration initiale du phénamiphos en fonction du temps d'irradiation et la linéarité du logarithme $Ln(C/C_0)$ en fonction du temps d'irradiation traduit une cinétique apparente de premier ordre.

L'étude cinétique sous l'influence de la lumière solaire montre que le phénamiphos se transforme selon une réaction de premier ordre avec une vitesse plus lente.

La dégradation du phénamiphos est plus rapide avec la lampe HPK qu'avec la lampe Philips ou bien la lumière solaire, ceci est dû à la différence de puissance entre les irradiations utilisées. La cinétique de transformation du phénamiphos dépend de l'intensité de la lumière utilisée pour l'irradiation. La constante de vitesse apparente est proportionnelle à $I^{0.5}$ (I étant l'intensité de la lumière). Nos résultats sont en bonne corrélation avec d'autres travaux **[136-139]** montrant la dépendance entre l'intensité lumineuse et la décomposition des différents pesticides.

III.   Analyse des photoproduits par HPLC/MS

L'analyse par HPLC/MS a été réalisée pour suivre les principaux intermédiaires résultant du processus photolytique du phénamiphos.

L'analyse des solutions, avant et après irradiation pour différentes durées, a été réalisée par HPLC/MS. Les chromatogrammes obtenus sont regroupés dans la figure III-6.

Avant irradiation, seul le pic correspondant au phénamiphos a été observé à temps de rétention de 4,59 min. Après 20 min d'irradiation, un 2ème pic est observé à 2,9 min comme temps de rétention. Le 3ème pic apparait après 40 min d'irradiation avec un temps de rétention égale à 1,89 min (tableau III-2).

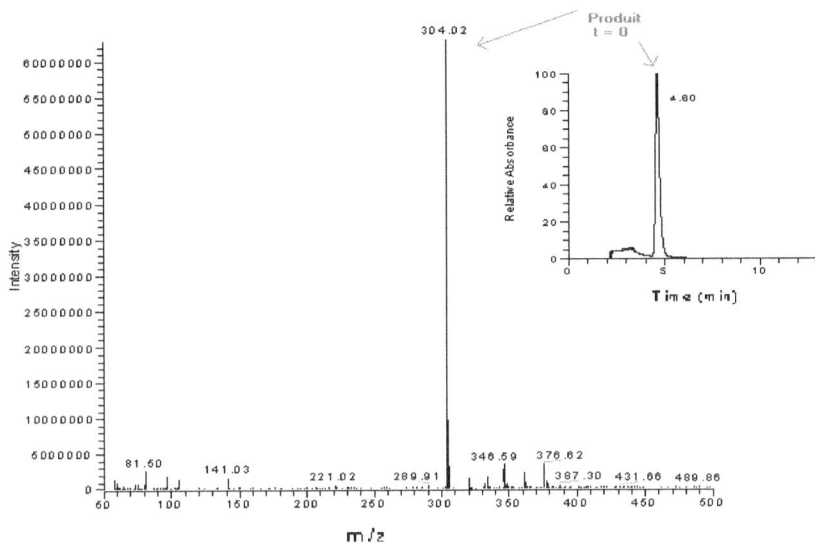

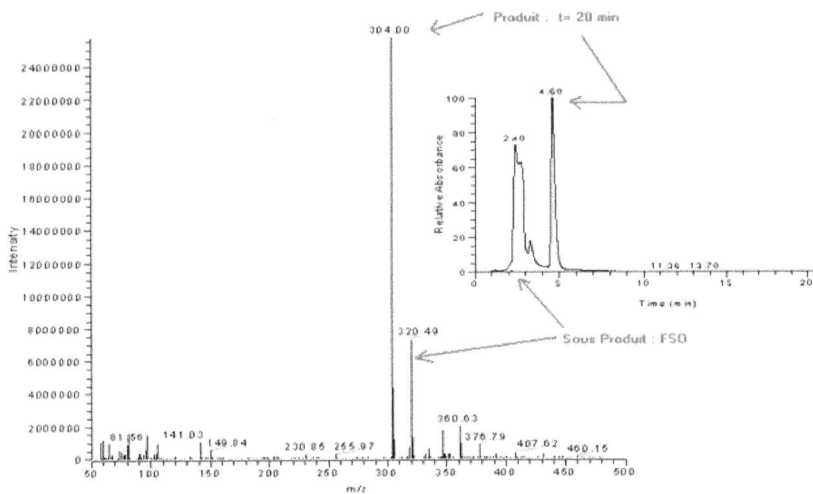

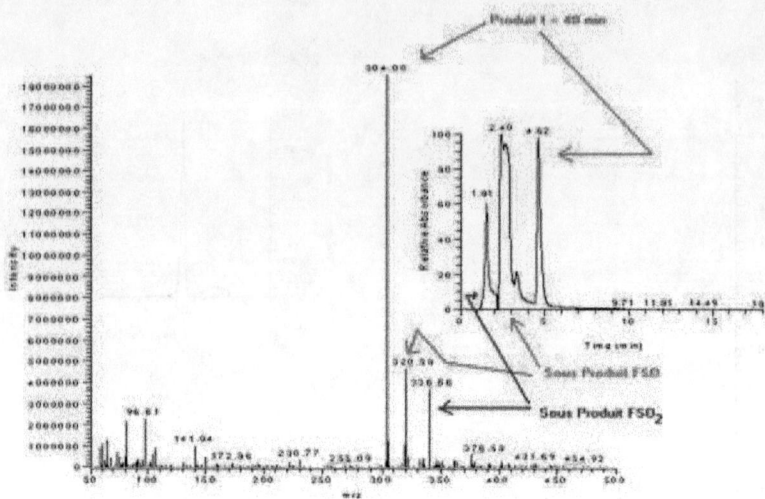

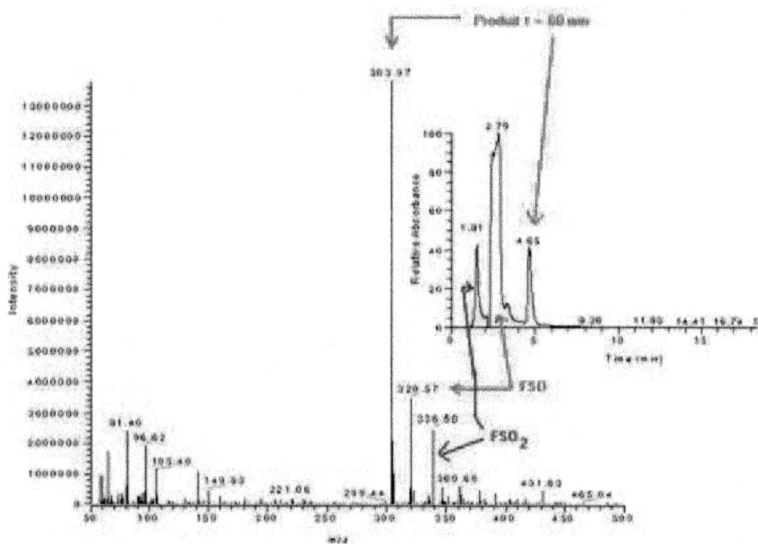

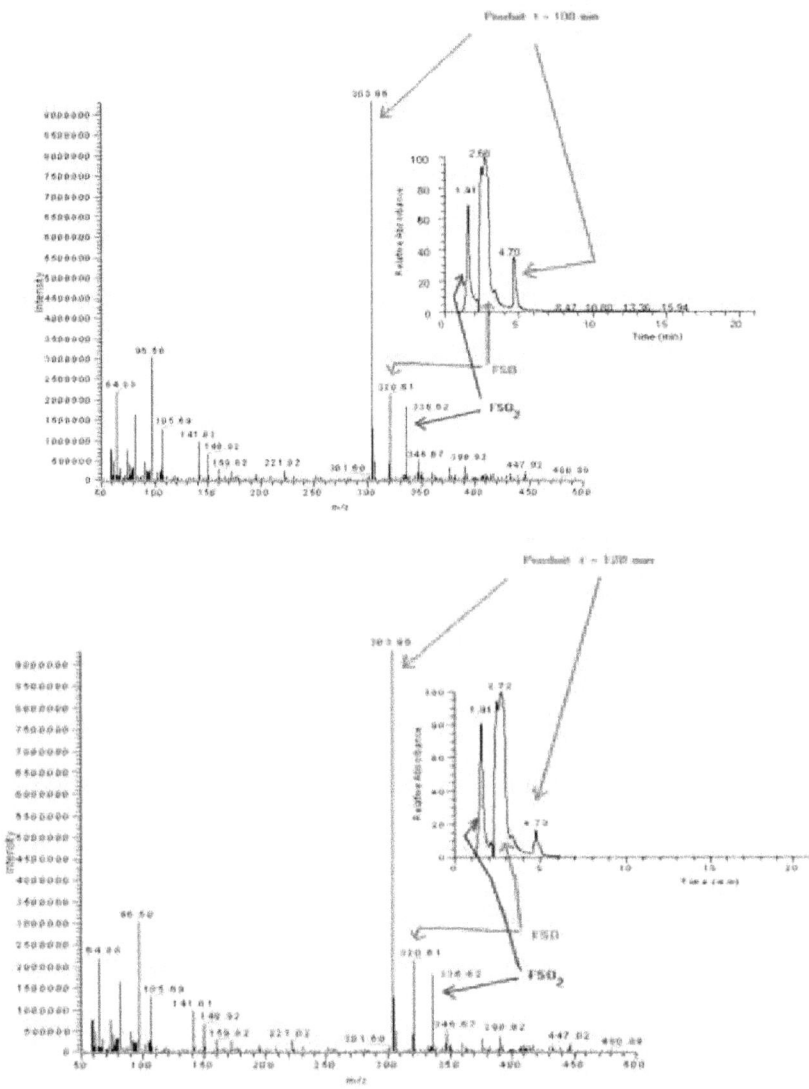

Figure III-6: Chromatogrammes obtenus des analyses HPLC-MS des solutions prélevées à différents temps d'irradiation.

Tableau III-2 : Temps de rétention et les valeurs m/z des sous produits de phototransformation du phénamiphos après irradiation par la lumière UV.

Produits	Phénamiphos	Phénamiphos sulfoxyde (FSO)	Phénamiphos Sulfone (FSO$_2$)
Masse (m/z)	304,02	320,51	336,50
Temps de rétention (min)	4,59	2,9	1,89

L'analyse par HPLC-MS nous a permis d'identifier les sous-produits de la photolyse ayant z/m = 320,51 et z/m = 336,50 qui peuvent être attribué respectivement au phénamiphos sulfoxyde FSO et au phénamiphos sulfone FSO$_2$.

L'évolution du phénamiphos et de ses métabolites en fonction du temps d'irradiation est illustrée par la figure III-7. Nous pouvons clairement observer l'apparition des deux produits intermédiaires après irradiation par la lampe UV. La transformation du phénamiphos correspond à son oxydation en phénamiphos sulfoxyde (FSO) et après 20 minutes d'irradiation, ce dernier s'oxyde en phénamiphos sulfone (FSO$_2$) **[42, 43, 136]**. La concentration de FSO diminue pendant les 30 premières minutes, mais le taux de sa transformation reste toujours plus important par rapport à la transformation du FSO$_2$ comme le montre la figure III-7.

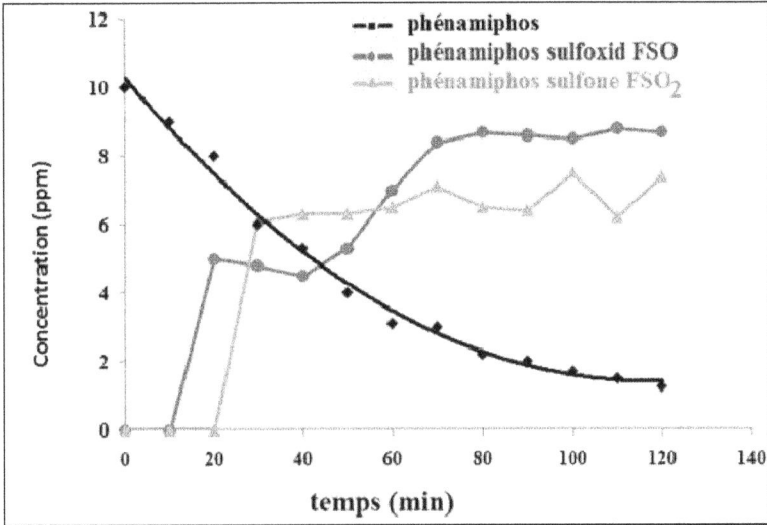

Figure III-7: Evolution du phénamiphos et de ses intermédiaires en fonction du temps d'irradiation.

Le mécanisme d'oxydation du phénamiphos sous irradiation UV est représenté sur la figure III-8 **[42, 43]**.

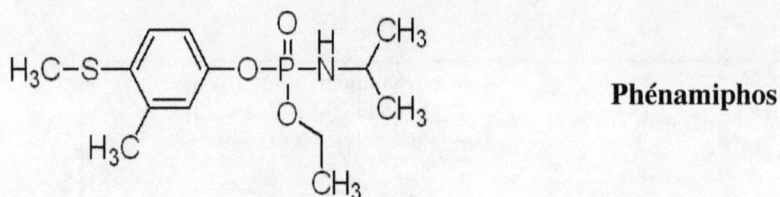

Phénamiphos

Oxydation

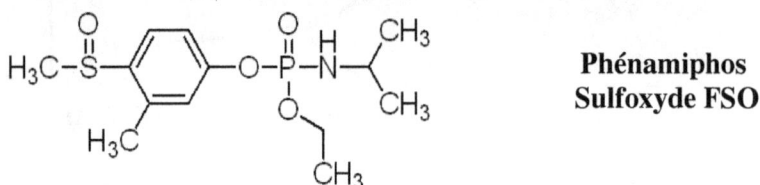

Phénamiphos Sulfoxyde FSO

Oxydation

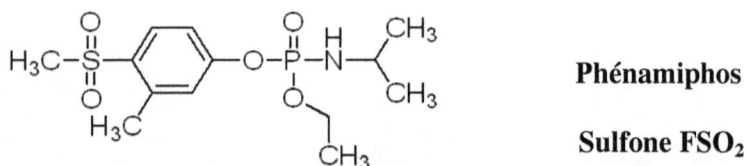

Phénamiphos

Sulfone FSO$_2$

Figure III-8 : Réactions de transformation du phénamiphos en phénamiphos sulfoxyde (FSO) et en phénamiphos sulfone (FSO$_2$) **[42, 43].**

L'excitation directe par la lumière solaire, montre que seulement 10% du produit a été transformé pour une période de 20 jours d'irradiation. Avant irradiation (t=0j), l'analyse HPLC/MS montre la présence d'un seul pic attribué au phénamiphos (m/z = 304). Au delà de cette durée, le phénamiphos sulfoxyde FSO et le phénamiphos sulfone sont observées respectivement après 7 et 20 jours (figure III-9).

Sur la base des photoproduits identifiés et la séquence de leur formation au cours de l'expérience, nous suggérons une oxydation du phénamiphos dans l'eau sous irradiation [140]. Le phénamiphos s'oxyde en phénamiphos Sulfoxyde (FSO) par l'effet de la lumière qui s'oxyde en phénamiphos sulfone (FSO_2). Aucun autre produit n'a été observé comme le dérivé phénolique correspondant à la photohydrolyse du phénamiphos généralement observée lors de sa photodégradation dans le sol [141].

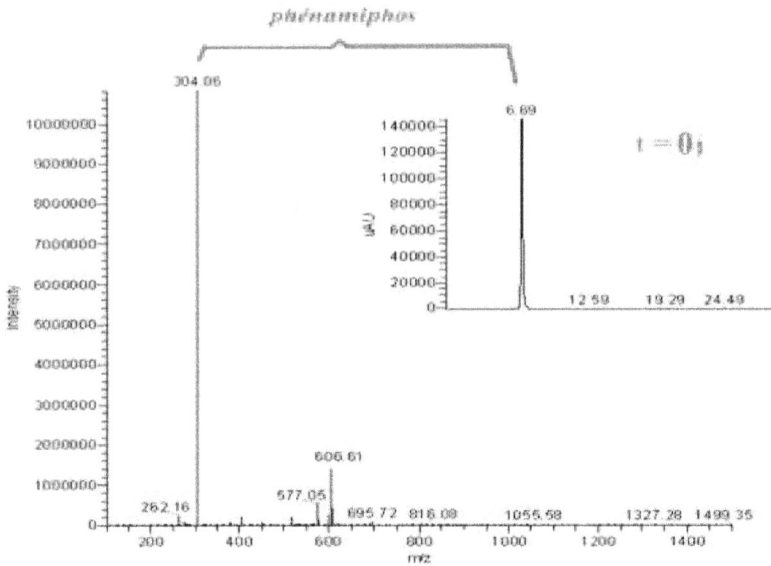

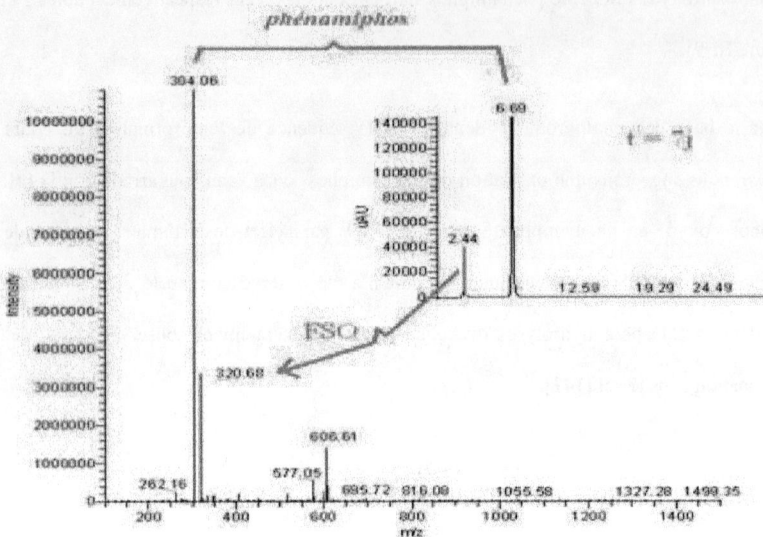

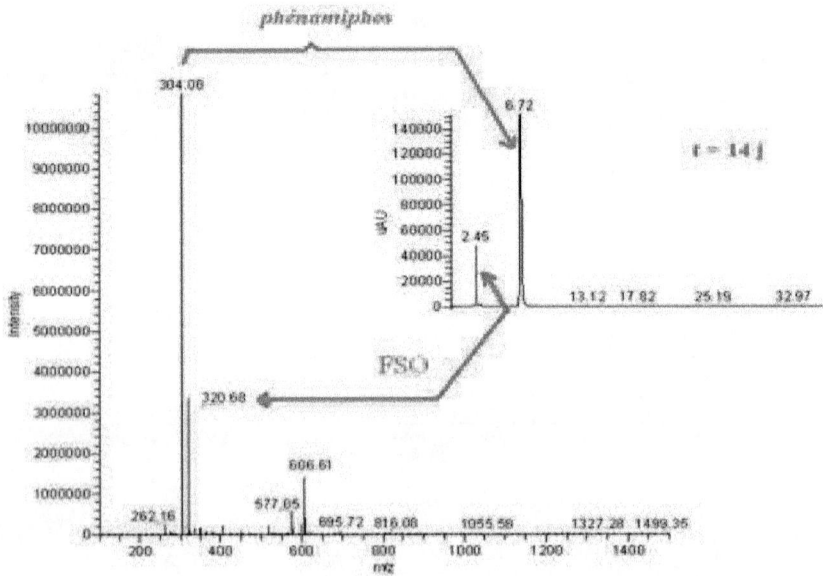

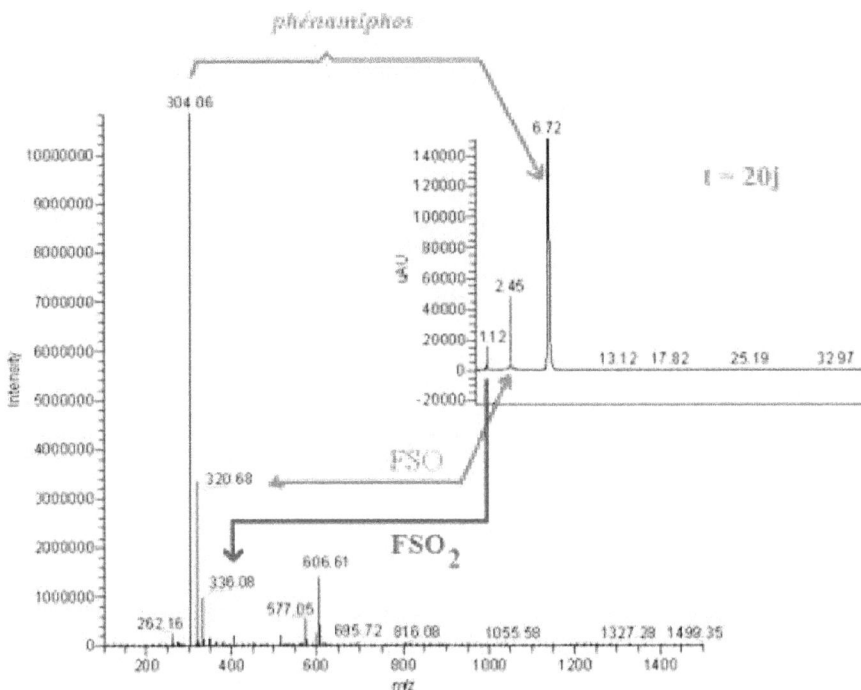

Figure III-9: Chromatogrammes obtenus des analyses HPLC-MS des solutions prélevées à différents temps d'irradiation par la lumière solaire naturelle.

IV. Modélisation du phénomène de transformation du phénamiphos par photolyse

Nous avons choisi d'utiliser la méthodologie de la recherche expérimentale, afin de modéliser le phénomène de transformation du phénamiphos par photolyse dans l'eau.

IV.1. Choix des facteurs

Notre étude a pour but de modéliser le phénomène de dégradation du phénamiphos par photolyse, afin de relier les variations des réponses qui caractérisent le phénomène observé aux variations de paramètres (facteurs) qui sont supposés influencer ce phénomène. Plusieurs paramètres influent sur la cinétique de transformation de composés organiques [142].

Nous avons choisi, comme paramètres, pour notre étude : le pH, la concentration du phénamiphos et la concentration des ions Fe^{2+}. Le choix de ces paramètres va nous permettre de déduire le facteur ou les facteurs influençant ainsi que les conditions pour étudier la cinétique de transformation du phénamiphos. Pour effectuer cette étude, nous avons adopté la MRE (Méthodologie de la Recherche Expérimentale).

IV.2. La méthodologie de la recherche expérimentale

La méthodologie de la recherche expérimentale est actuellement très utilisée dans le domaine des sciences expérimentales (chimie, biologie, biochimie…). Elle permet de rationnaliser une étude expérimentale afin d'accéder aux résultats attendus tout en respectant des coûts et des temps d'expérimentation les plus réduits possible.

Cette méthodologie repose sur l'élaboration, en fonction des objectifs fixés, des moyens dont on dispose et des informations désirées, de plans expérimentaux qui décrivent l'ensemble des expériences que l'on doit effectuer. Ceux-ci sont déterminés avant le début des essais à partir de critères statistiques matriciels donnés [143]. L'exploitation des résultats est réalisée par les méthodes classiques de régression linéaire.

Les stratégies proposées dépendent donc des objectifs fixés et des moyens disponibles. La méthodologie de la recherche expérimentale est particulièrement adaptée lorsque les objectifs sont les suivants :

- Isoler les facteurs les plus influents (poids des facteurs) parmi un très grand nombre de facteurs qui pourraient avoir de l'influence sur le phénomène étudié (criblage) ;
- Etudier l'influence de différents facteurs en tenant compte de l'existence éventuelle d'effets d'interaction entre ces facteurs ;
- Elaborer un modèle descriptif ou prévisionnel, relatif au phénomène étudié (modélisation) ;
- Rechercher l'optimum d'une ou plusieurs réponses (optimisation de procédés par exemple).

Cette méthodologie fait appel à un vocabulaire spécifique qu'il faut rappeler ou préciser ici.

- **Facteur :** c'est un paramètre supposé influencer le phénomène étudié, aussi appelé paramètre ou variable naturelle ;
- **Réponse :** c'est un paramètre caractérisant le résultat du phénomène ;
- **Variable codée :** elle correspond à une variable naturelle donnée dans un espace adimensionnel.

En général, la variable codée est comprise entre les deux niveaux (-1) et (+1).

- **Niveau :** c'est la valeur que prend la variable codée dans l'espace adimensionnel ;
- **Domaine expérimental :** c'est le domaine de variation des facteurs ;
- **Plan d'expérimentation :** ensemble des conditions expérimentales déterminées par la stratégie expérimentale choisie et le domaine expérimental retenu. Ce plan, spécifique au problème étudié, est donc exprimé en variables réelles. Il comporte autant de ligne que d'expériences et autant de colonnes que de variables.
- **Matrice d'expérience :** tableau exprimé en variable codées utilisables pour un nombre illimité de problèmes car dépendant uniquement de la stratégie expérimentale choisie. Cette matrice comporte autant de lignes et colonnes que le plan d'expérimentation qui permet son élaboration. A chacun des points de la matrice d'expérience correspond un point du plan d'expérimentation.

Dans ce travail, notre but a été de trouver un modèle mathématique, empirique, qui représente bien le phénomène qui nous intéresse dans le domaine expérimental choisi.

Dans le cas général, les facteurs étudiés (U_i) sont exprimés avec des unités différentes, leurs effets ne peuvent donc être comparés que dans un espace adimensionnel ; à chaque facteur U_i sera donc associée une variable réduite centrée X_i (équation 1) :

$$X_{i,a} = \frac{U_{i,a} - U_i^0}{\Delta U_i} \qquad \textbf{Equation (1)}$$

Où U_i^0 : valeur de U_i au centre du domaine expérimental ;

$U_{i,a}$: valeur réelle de la variable U_i pour l'expérience a ;

ΔU_i : pas de variation de U_i correspondant à un pas de variation de X_i égal à 1 ;

$X_{i,a}$: valeur de la variable normée X_i pour l'expérience a.

Notre étude comportant trois facteurs, le modèle recherché s'écrit donc comme suit (équation 2) :

$$Y = b_0 + b_1X_1 + b_2X_2 + b_3X_3 + b_{12}X_1X_2 + b_{23}X_2X_3 + b_{13}X_1X_3 + b_{123}X_1X_2X_3 \qquad \textbf{Equation (2)}$$

Où Y : réponse expérimentale ;

X_i : valeur codée de la variable i ;

b_0 : terme constant ou effet moyen ;

b_i : effet principale de la variable X_i.

b_{ij} : effet d'interaction du premier ordre entre X_i et X_j.

- **Matrice d'expérience**

Le nombre d'expérience pour un plan complet pour une matrice est donné par la relation :

$$N = 2^k \text{ avec k le nombre des facteurs étudiés.}$$

Pour notre étude, nous disposons de 3 facteurs et donc la matrice d'expérience est la suivante (tableau III-3) :

Tableau III-3 : Tracé de la matrice d'expérience 2^3

Exp	Moy	X_1	X_2	X_3
1	+1	-1	-1	-1
2	+1	+1	-1	-1
3	+1	-1	+1	-1
4	+1	+1	+1	-1
5	+1	-1	-1	+1
6	+1	+1	-1	+1

7	+1	-1	+1	+1
8	+1	+1	+1	+1

Les 3 trois facteurs choisis sont : la concentration du phénamiphos, la concentration des ions Fe^{2+} et le pH. Le maximum et le minimum de ces concentrations sont présentés dans le tableau III-4. Ce domaine expérimental a été établi sur la base d'expériences préliminaires et les études reportées dans la littérature [144, 145].

Tableau III-4 : Domaines expérimentaux définis pour les différents facteurs.

Niveau	Concentration du phénamiphos en (ppm) (X_1)	Concentration des ions Fe^{2+} (mole/L) (X_2)	pH (X_1)
-1	5	10^{-4}	3
+1	20	10^{-2}	9

La matrice expérimentale et les résultats obtenus sont rassemblés dans le tableau III-5. C'est un plan complet 2^3 de 8 expériences pour déterminer 8 inconnus (constante, effets principaux et d'interactions d'ordre 2 et d'ordre 3).

Pour traduire la variation des réponses expérimentales étudiées, dans le domaine expérimental choisi, nous utilisons le modèle mathématique de l'équation 2 [146]. Dans notre cas, la réponse est la constante cinétique de transformation du phénamiphos.

Nous avons suivie la variation de la concentration du phénamiphos en fonction du temps d'irradiation correspondant aux 8 expériences postulées dans le modèle (figure III-10).

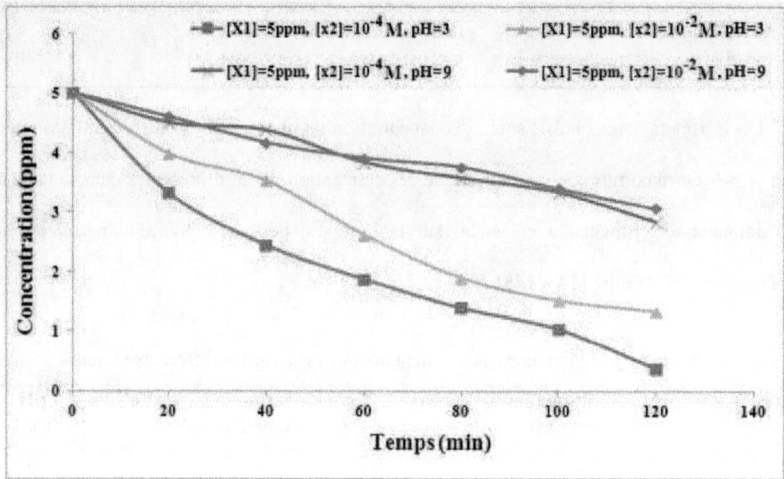

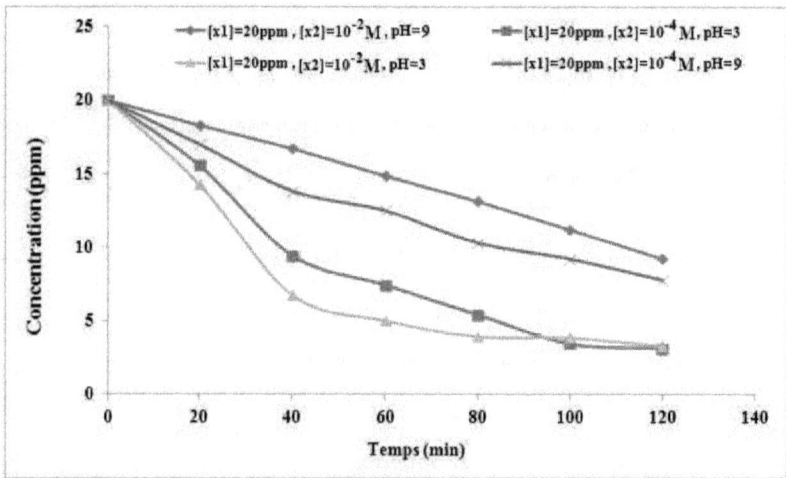

Figure III-10: Tracé de l'évolution de la concentration du phénamiphos en fonction du temps d'irradiation.

Le calcul des constantes cinétiques correspondantes donne les valeurs reportées dans le tableau III-5.

Tableau III-5 : Matrice d'expériences et résultats.

Exp	X_1	X_2	X_3	Constante cinétique k (min^{-1})
1	5	10^{-4}	3	0,016
2	20	10^{-4}	3	0,006
3	5	10^{-2}	3	0,011
4	20	10^{-2}	3	0,015
5	5	10^{-4}	9	0,004
6	20	10^{-4}	9	0,007
7	5	10^{-2}	9	0,003
8	20	10^{-2}	9	0,006

X_1= Concentration du pesticide, X_2= Concentration des ions Fe^{2+}, X_3= pH.

A partir des résultats expérimentaux, la résolution par régression linéaire conduit à l'estimation des 8 effets (tableau III-6).

Tableau III-6 : Criblage des facteurs - analyse des résultats.

b_0	+0,0085	b_2	+ 0,00025	b_{12}	+ 0,0017	b_{23}	- 0,00075
b_1	- 0,0011	b_3	- 0,0035	b_{13}	+ 0,0015	b_{123}	- 0,0017

On trouve :

$$Y = 0,0085 - 0,0011x_1 + 0,00025x_2 - 0,0035x_3 + 0,0017x_1x_2 + 0,0015x_1x_3 - 0,00075x_2x_3 - 0,0017x_1x_2x_3.$$

La figure III-11 est un exemple de représentation tridimensionnel et bidimensionnel donnant la variation de la réponse en fonction de la concentration en Fe^{2+} et en phénamiphos.

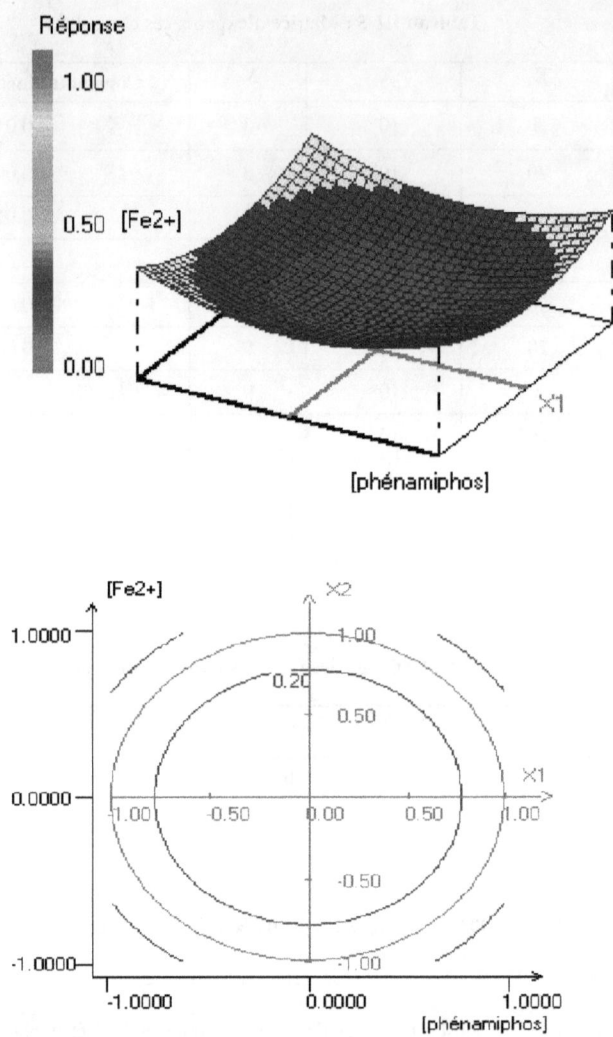

Figure III-11: Représentation 2D et 3D de la variation de la cinétique de dégradation en fonction de l'interaction concentration en phénamiphos / concentration des ions Fe^{2+}.

L'examen des coefficients du modèle de criblage postulé permet l'analyse suivante des résultats expérimentaux :

- La cinétique de dégradation du phénamiphos dépend surtout du pH du milieu (-0,0035) et de la concentration en phénamiphos (-0,0011). Les ions Fe^{2+} sont peu influents. Plus le pH est acide et la concentration du phénamiphos est faible, plus la cinétique de dégradation est plus rapide (b_3 et $b_1 < 0$). Ceci se traduit aussi par l'effet d'interaction b_{13}.
- De même, l'interaction du $3^{\text{ème}}$ ordre entre le pH/ Fe^{2+}/phénamiphos est importante.

En se basant sur ces données expérimentales, la cinétique de transformation du phénamiphos sera d'autant plus élevée que le milieu est acide (-1) et les concentrations en Fe^{2+} (-1) et en pesticide (-1) faibles.

IV.3. Conclusion

Cette modélisation nous apporte une bonne connaissance du phénomène de transformation du phénamiphos par photolyse sous irradiation par la lampe HPK (125W) dans le domaine expérimental étudié.

Nous avons étudié l'effet de différents facteurs sur la cinétique de dégradation en utilisant les matrices factorielles 2^n. Les facteurs étudiés sont : le pH, la concentration en Fe^{2+} et en phénamiphos. Les résultats de la réponse de la matrice 2^3 ont montré que le pH et la concentration en phénamiphos ont un effet sur la constante cinétique de dégradation du phénamiphos en milieu aqueux. Ces informations nous ont permis de choisir les meilleures conditions d'études pour la dégradation directe et indirecte.

Partie II
Etude de la cinétique de dégradation photocatalytique du phénamiphos en milieu aqueux

I. Introduction

Dans cette partie, nous allons étudier la dégradation photocatalytique du phénamiphos en milieu aqueux en utilisant deux types de lampes (la lampe à vapeur de mercure HPK et la lampe UV-A Philips, PL-S 9W/10) et deux types de catalyseurs de dioxyde de titane (TiO_2 degussa P25 et TiO_2 millénium PC500). La dégradation photocatalytique sera faite en utilisant le TiO_2 en poudre (en suspension dans la solution) et supporté sur verre type borosilicate.

II. Photocatalyse du phénamiphos en présence de TiO_2 P25 degussa en poudre

II.1. Cinétique d'adsorption du phénamiphos sur TiO_2

Lors de cette étude, chaque manipulation a été effectuée en triple avec des temps de prélèvement décalés. Ceci est nécessaire d'une part, pour vérifier la reproductibilité des résultats, et d'autre part, pour ne pas provoquer un changement du volume de travail suite à un nombre excessif de prélèvement.

Dans la perspective d'évaluer la quantité de pesticide adsorbée sur le TiO_2 avant toute irradiation, une étude préliminaire d'adsorption a été réalisée pour le phénamiphos. L'objectif de cette étude est d'une part de vérifier si le phénamiphos s'adsorbe bien sur le TiO_2 et à quelle teneur, et d'autre part de déterminer le temps nécessaire pour atteindre l'état d'équilibre d'adsorption. L'expérience consiste à agiter à l'obscurité une suspension de 1mg de TiO_2 P25 dans 250 mL d'une solution qui contient la molécule du phénamiphos à une concentration de 10ppm (Figure III-12).

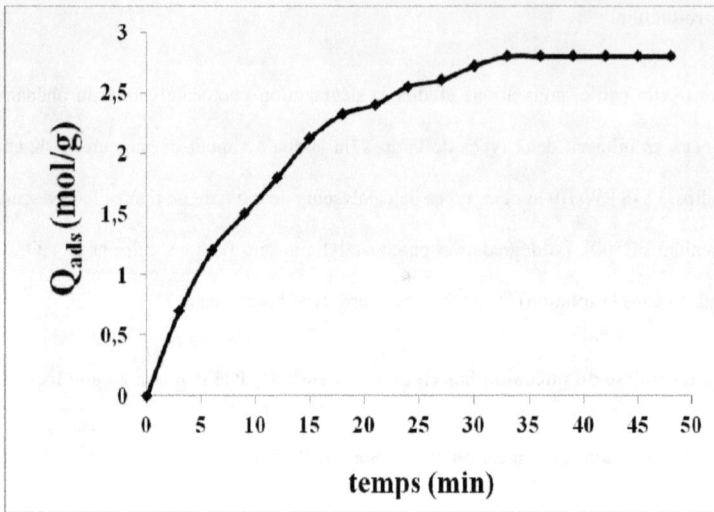

Figure III-12 : Cinétique d'adsorption du phénamiphos sur TiO_2.

L'étude cinétique montre que la quantité adsorbée augmente avec le temps d'agitation (Figure III-12) pour atteindre un équilibre au bout de 30 minutes. De point de vue cinétique, l'adsorption se produit en deux étapes: une première rapide et une seconde plus lente. Nous pouvons noter que plus de 95 % de la capacité d'adsorption limite est atteinte après 30 minutes d'agitation. Au-delà de ce temps, la vitesse d'adsorption devient plus lente. Selon plusieurs auteurs [147, 148], l'adsorption peut être contrôlée par l'étape de transfert de l'adsorbat à travers le film liquide externe et /ou celle de la diffusion du soluté à l'intérieur de la particule d'adsorbant.

Pour la suite du travail, la solution est laissée à l'obscurité pendant 30 minutes pour s'assurer de l'établissement de l'équilibre avant de procéder à l'expérience.

II.2. Photodégradation du phénamiphos en présence de TiO₂ P25 degussa en poudre

Des solutions du phénamiphos de concentration 10 ppm et de volume de 250 mL sont soumise à une irradiation par la lampe HPK en utilisant le TiO_2 P25 poudre comme catalyseur à une quantité de 1mg. Les prélèvements des solutions sont effectués à différents intervalles de temps et analysées ensuite par HPLC. Les résultats obtenus sont regroupés sur la figure III-13 et la figure III-14.

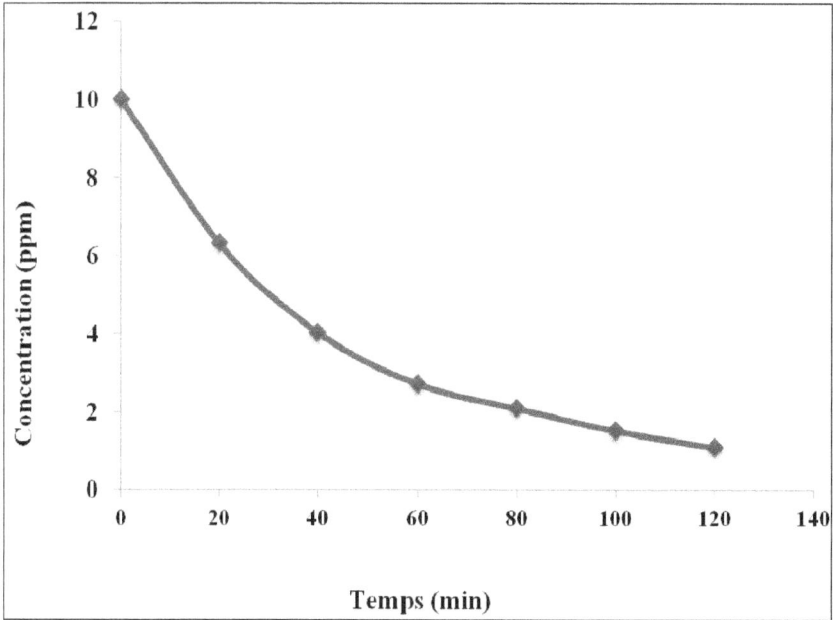

Figure III-13 : Evolution de la concentration du phénamiphos en fonction du temps d'irradiation en présence de TiO_2 P25 poudre.

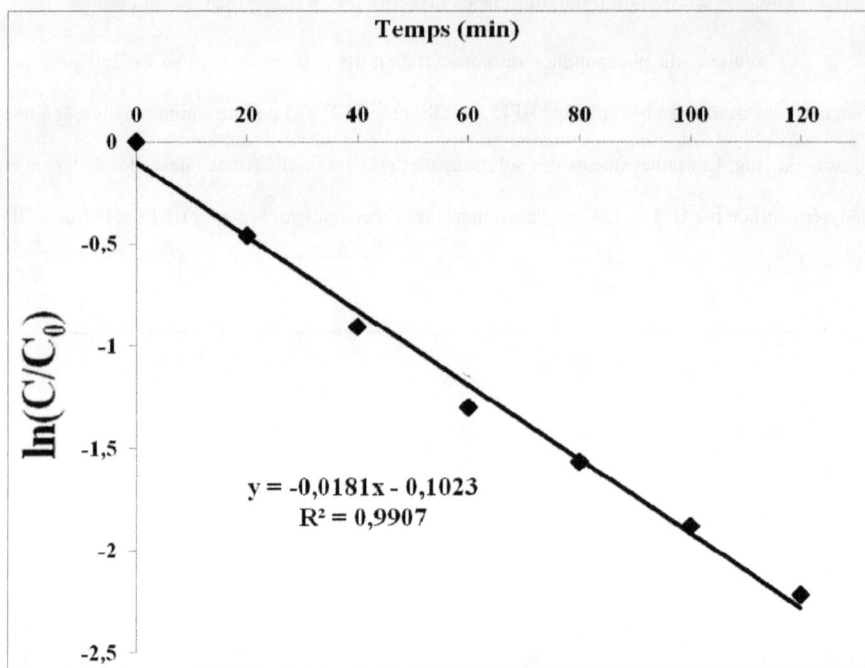

Figure III-14 : Tracé du logarithme Ln(C/C_0) du phénamiphos en fonction du temps d'irradiation en présence de TiO_2 P25 poudre.

La figure III-13 montre que la concentration du phénamiphos diminue régulièrement en fonction du temps d'irradiation. La décroissance de la concentration présente une allure exponentielle avec des variations linéaires de ln C/C_0 en fonction du temps (figure III-14), ce qui indique que cette dégradation suit une cinétique apparente de premier ordre ($C = C_0 . e^{-kt}$).

La constante de vitesse apparente (k_{app}), déterminée dans nos expériences, est donc une constante de vitesse du pseudo-premier ordre ($k_{app} = 0,01844 min^{-1}$). Le temps de demi-vie ($t\frac{1}{2}$) est de l'ordre de 37,58 min.

II.3. Analyse par HPLC/UV

Des analyses HPLC / UV ont été réalisées pour suivre les principaux intermédiaires résultant du processus photocatalytique du phénamiphos. Les chromatogrammes obtenus sont regroupés dans la figure III-15.

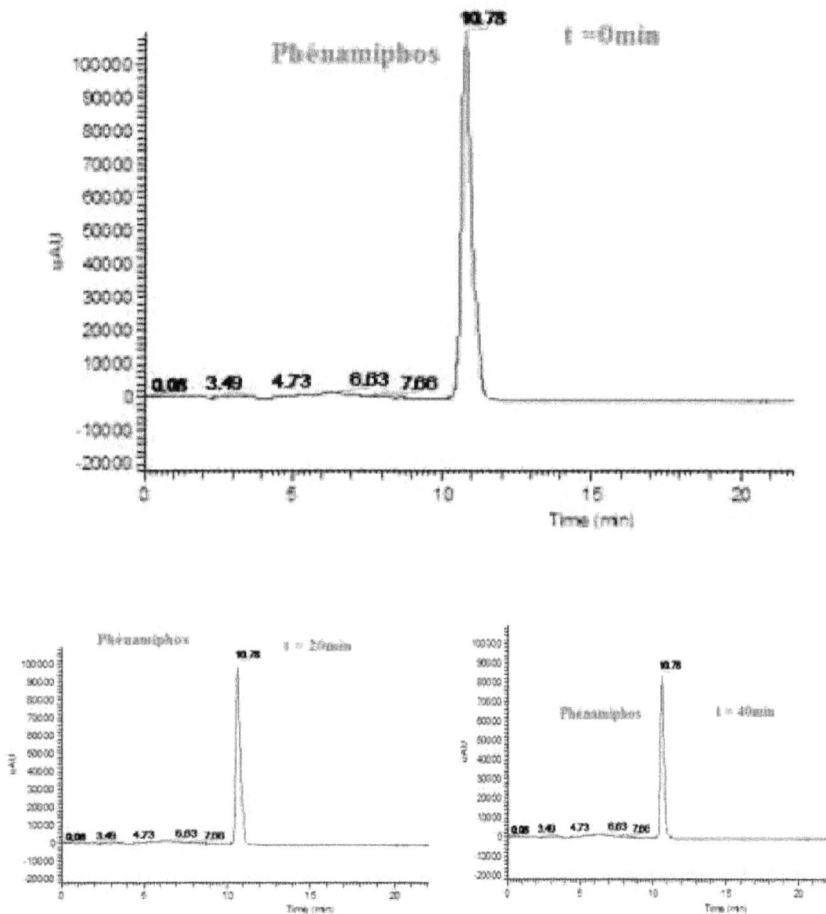

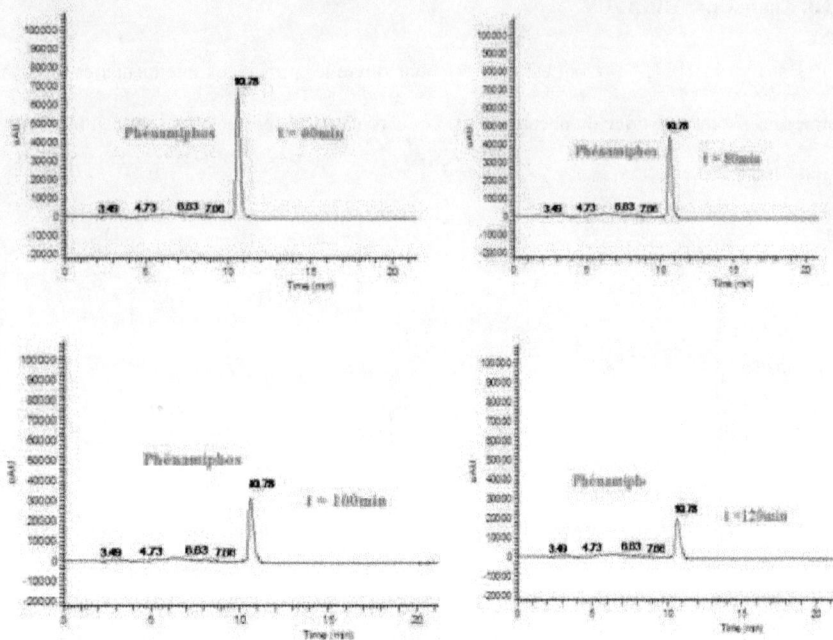

Figure III-15 : Chromatogrammes obtenus des analyses HPLC-UV des solutions prélevées du phénamiphos à différents temps d'irradiation en présence de TiO_2 P25 poudre.

L'analyse HPLC/UV révèle la présence d'un seul pic correspondant au phénamiphos avec un temps de rétention égale à 10,75 minutes. Par contre, on remarque bien l'absence d'autres pics associés à des produits intermédiaires (phénamiphos sulfoxyde et le phénamiphos sulfone). On peut conclure dans ce cas que 90% du produit initial (phénamiphos) s'est dégradé après 2 heures d'irradiation par la lampe HPK (125W) en présence de TiO_2 P25 poudre. En présence de TiO_2, les particules du catalyseur absorbent les radiations UV pour donner naissance à des espèces très réactives qui conduisent à la dégradation du phénamiphos en solution. La réaction d'oxydation du phénamiphos n'a pas pu être mise en évidence lors du processus de photodégradation.

III. Etude de l'effet de différents paramètres sur la photocatalyse du phénamiphos par la méthodologie de la recherche expérimentale

III.1. Irradiation par Sun-Test

L'objectif de cette partie est de faire une modélisation de la cinétique de dégradation du phénamiphos en milieu aqueux et de déterminer les effets principaux et d'interactions des différents paramètres qui peuvent influencer le procédé de photocatalyse tels que pH, la température, la concentration du phénamiphos ainsi que celle du catalyseur TiO_2. Cette étude va permettre de modéliser et d'optimiser les conditions de dégradation photocatalytique du phénamiphos.

Pour cela, des solutions aqueuses, à différentes concentrations en phénamiphos (50 mL), sont introduites dans le photoréacteur où elles sont magnétiquement agitées et maintenues à une température constante. Un tampon phosphate est utilisé pour modifier le pH afin d'éviter toute modification lors de la phototransformation. Pour l'étude de la cinétique de dégradation, des prélèvement des échantillons ont été faits à intervalle régulier et sont directement analysées par UPLC après filtration. On note que les solutions du pesticide sont placées á l'obscurité pour s'assurer que les métabolites formés résultent uniquement des processus photochimiques.

Nous avons, pour réaliser cette étude, utilisé une démarche statistique de planification des expériences à réaliser : la Méthodologie de la Recherche Expérimentale (MRE). Dans notre cas, nous avons réalisé une étude quantitative des facteurs par le biais de la matrice factorielle complète 2^4 (tableau III-7), permettant de déterminer les facteurs influents et leurs interactions et de chiffrer l'importance de cette influence sur le phénomène étudié. Les facteurs expérimentaux varient simultanément entre les deux niveaux extrêmes du domaine expérimental de chaque facteur notés en variables codées (-1) et (+1).

Tableau III-7 : Matrice factorielle complète 2^4

N°	X₁	X₂	X₃	X₄
1	-1	-1	-1	**-1**
2	+1	-1	-1	**+1**
3	-1	+1	-1	**+1**
4	+1	+1	-1	**-1**
5	-1	-1	+1	**+1**
6	+1	-1	+1	**-1**
7	-1	+1	+1	**-1**
8	+1	+1	+1	**+1**
9	+1	-1	-1	**-1**
10	-1	+1	-1	**-1**
11	-1	-1	+1	**-1**
12	+1	+1	+1	**-1**
13	-1	-1	-1	**+1**
14	+1	+1	-1	**+1**
15	+1	-1	+1	**+1**
16	-1	+1	+1	**+1**

Les domaines expérimentaux des différents facteurs ont été déterminés et sont regroupés dans le tableau III-8.

Tableau III-8 : Domaines expérimentaux définis pour les différents facteurs

Niveau	pH (X₁)	Température (X₂) °C	Concentration de TiO₂ (X₃) g/L	Concentration du pesticide (X₄) ppm
+1	10	42	2	**20**
-1	2	25	**0,5**	**5**

La réponse étudiée est la constante cinétique de dégradation du phénamiphos sous irradiation solaire simulée. En effet, la caractéristique principale recherché est une cinétique de dégradation la plus rapide possible qui passe par le calcul de la constante de vitesse k. Cette approche méthodologique permet d'étudier puis d'optimiser expérimentalement, avec un nombre limité d'essais, la cinétique de dégradation. L'objectif final serait de déterminer les effets principaux et d'interactions des différents facteurs (pH, Température, concentration du pesticide et du catalyseur) sur la cinétique afin d'avoir un taux de dégradation maximal dans un temps court.

La matrice expérimentale et les résultats obtenus sont rassemblés dans le tableau III-9. 16 expériences sont réalisées pour déterminer 16 inconnus (constante, effets principaux et interactions d'ordre 2, d'ordre 3 et d'ordre 4).

Tableau III-9: Matrice d'expériences et résultats.

Exp	X1	X2	X3	X4	Constante cinétique k (min^{-1})
1	2	25	0,5	5	0,0026
2	10	25	0,5	20	0,0019
3	2	42	0,5	20	0,0045
4	10	42	0,5	5	0,0023
5	2	25	2	20	0,004
6	10	25	2	5	0,0024
7	2	42	2	5	0,0104
8	10	42	2	20	0,0021
9	10	25	0,5	5	0,0021
10	2	42	0,5	5	0,0022
11	2	25	2	5	0,0114
12	10	42	2	5	0,002
13	2	25	0,5	20	0,0104
14	10	42	0,5	20	0,003
15	10	25	2	20	0,0028
16	2	42	2	20	0,003

X_1= pH, X_2= Température, X_3= Concentration de TiO$_2$, X_4= Concentration du pesticide.

Si l'on désigne par Y la réponse mesurée qui est la constante cinétique k et par X_i les facteurs expérimentaux que l'on fait varier dans l'expérimentation (exprimés en variables codées entre -1 et +1), on a le modèle mathématique suivant:

$$Y = b_0 + \sum_i b_i X_i + \sum_{i \neq j} b_{ij} X_i X_j + \sum_{i \neq j \neq k} b_{ijk} X_i X_j X_k \sum_{i \neq j \neq k \neq l} b_{ijkl} X_i X_j X_k X_l$$

Où b_0 est un effet moyen, b_i est l'effet du facteur X_i, b_{ij}, b_{ijk} et b_{ijkl} sont respectivement les effets d'interaction $X_i X_j$, $X_i X_j X_K$ et $X_i X_j X_K X_l$.

A partir des résultats expérimentaux, la résolution par régression linéaire conduit à l'estimation de 16 effets (tableau III-10).

Tableau III-10 : Criblage des facteurs- analyse des résultats.

b_0	+ 0,0041	b_4	- 0,00013	b_{23}	+ 0,00013	b_{124}	− 0,00011
b_1	**- 0,0018**	b_{12}	0,0005	b_{24}	- 0,00025	b_{134}	**− 0,0015**
b_2	- 0,0005	b_{13}	- 0,0005	b_{34}	**- 0,0015**	b_{234}	− 0,00026
b_3	0,0005	b_{14}	0,00038	b_{123}	- 0,00038	b_{1234}	+ 0,00041

b_{ij}, b_{ijk} et b_{ijkl} = les effets d'interaction

L'examen des coefficients du modèle de criblage postulé permet l'analyse suivante des résultats expérimentaux [145] :

- La cinétique de dégradation du phénamiphos dépend surtout du pH du milieu (-0,0018), plus le pH est acide, plus la cinétique de dégradation du phénamiphos est rapide. Les autres facteurs sont peut influents ;
- L'interaction catalyseur/phénamiphos (figure III-16) présente un effet important. Il y'a un effet antagoniste entre le catalyseur et le pesticide.
- De même, l'interaction du 3ème ordre entre le pH/catalyseur/phénamiphos est importante.

Le meilleur résultat est obtenu en milieu acide (-1), à température ambiante (-1), à une forte concentration en TiO$_2$ (+1) et une faible concentration en pesticide (-1).

La figure III-16 montre une représentation tridimensionnelle donnant la variation de la réponse en fonction des concentrations en phénamiphos et en TiO$_2$. La cinétique de dégradation est d'autant plus importante que la quantité de phénamiphos est grande et celle du TiO$_2$ est faible. Ceci peut être associé à une compétitivité d'adsorption entre le pesticide et le catalyseur.

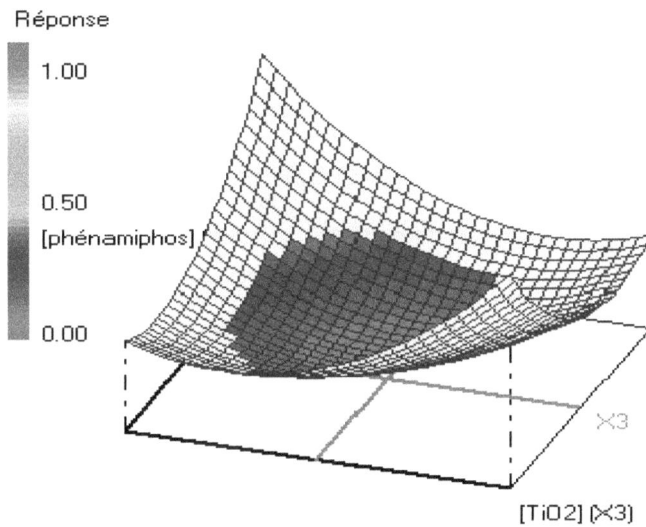

Figure III-16: Représentation 3D de la variation de la cinétique de dégradation en fonction de l'interaction concentration en phénamiphos / concentration en catalyseur.

III.2. Irradiation par la lampe HPK

Dans cette partie, nous avons modélisé le phénomène de dégradation du phénamiphos par photocatalyse en utilisant trois facteurs, pour cela les paramètres choisis dans cette étude (la concentration du phénamiphos, la concentration du catalyseur et le pH). On aussi changé l'intensité de la lampe d'irradiation.

Notre étude comportant trois facteurs, le modèle recherché s'écrit comme suit :

$$y = b_0 + b_1X_1 + b_2X_2 + b_3X_3 + b_{12}X_1X_2 + b_{23}X_2X_3 + b_{13}X_1X_3 + b_{123}X_1X_2X_3$$

Le nombre d'expérience pour un plan complet 2^3 est de **8**, La matrice d'expérience est présentée dans le tableau III-11. Les domaines expérimentaux des différents facteurs ont été déterminés (tableau III-12).

Tableau III-11 : Matrice factorielle complète 2^3

Exp	X_1	X_2	X_3
1	-1	-1	-1
2	+1	-1	-1
3	-1	+1	-1
4	+1	+1	-1
5	-1	-1	+1
6	+1	-1	+1
7	-1	+1	+1
8	+1	+1	+1

Tableau III-12 : Domaines expérimentaux définis pour les différents facteurs

Niveau	Concentration de phénamiphos (X_1) ppm	Concentration de TiO$_2$ (X_2) mg	pH (X_3)
-1	5	0,5	3
+1	20	2	9

Nous avons tracé la variation de la concentration du phénamiphos en fonction du temps pour les 8 expériences à réaliser (figure III-17).

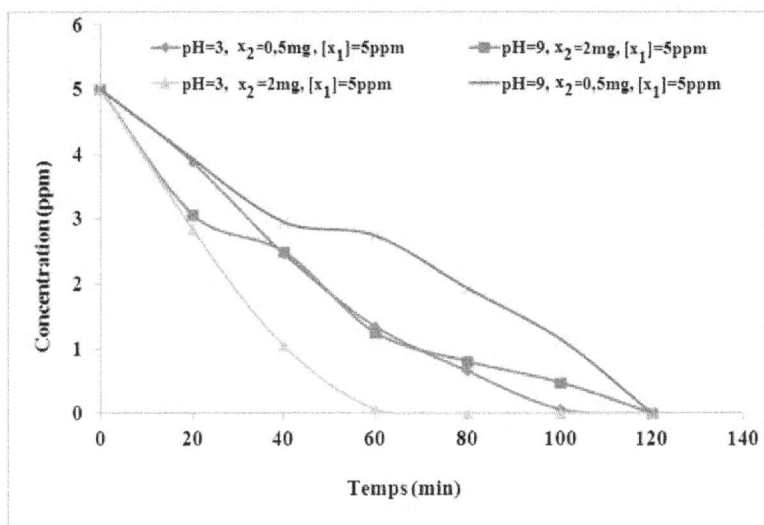

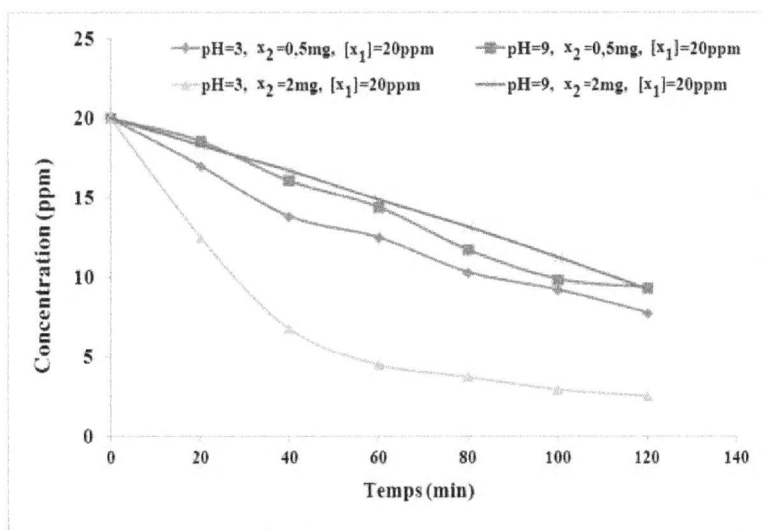

Figure III-17 : Tracé de la degradation du phénamiphos en fonction du temps pour les différentes expériences réalisées.

Le calcul des constantes cinétiques donne les résultats regroupés dans le tableau III-13. A partir des résultats expérimentaux, la résolution par régression linéaire conduit à l'estimation de 8 effets (tableau III-14).

Tableau III-13: Matrice d'expériences et résultats.

Exp	X_1	X_2	X_3	Y_{exp}
1	5	0,5	3	**0,023**
2	5	0,5	9	**0,009**
3	5	2	3	**0,028**
4	5	2	9	**0,023**
5	20	0,5	3	**0,013**
6	20	0,5	9	**0,011**
7	20	2	3	**0,03**
8	20	2	9	**0,008**

Tableau III-14 : Criblage des facteurs- analyse des résultats.

b_0	0,0181	b_2	0,0041	b_{12}	-0,00013	b_{23}	-0,0006
b_1	-0,0023	b_3	-0,0056	b_{13}	-0,0006	b_{123}	-0,0036

$$Y = 0,0181 - 0,0023x_1 + 0,0041\ x_2 - 0,0056x_3 - 0,0013x_1x_2 - 0,0006x_1x_3 - 0,0006x_2x_3 - 0,0036\ x_1x_2x_3$$

D'après ces résultats on peut conclure que :

- La valeur de l'effet du pH est de l'ordre de -0,0056. Ce qui nous permet de constater que le pH a un effet important sur la dégradation du phénamiphos. Donc la cinétique de dégradation du phénamiphos dépend surtout du pH du milieu : plus le pH est acide et plus la cinétique de dégradation est rapide.

- De même, l'interaction du 3ème ordre entre le pH/ TiO_2/phénamiphos est importante. A faible concentration en phénamiphos et à pH acide, on n'observe pas d'effet de la concentration en TiO_2 tout le contraire en milieu basique. A forte concentration en phénamiphos, la cinétique est plus importante à pH basique et à forte concentration en TiO_2.

Le meilleur résultat est obtenu en milieu acide (-1), à une concentration élevée en TiO_2 (+1) et en pesticide (+1). On peut constater que lorsque le milieu de la solution est basique (pH=9), la vitesse de dégradation est considérablement réduite, alors qu'en solution acide (pH=3) la dégradation du produit est plus rapide.

III.3. Conclusion

Nous avons étudié l'effet de différents facteurs sur la cinétique de dégradation du phénamiphos en utilisant les matrices factorielles 2^n. Les facteurs étudiés sont le pH, la température, les concentrations de TiO_2 et du phénamiphos en utilisant l'irradiation par Suntest et la lampe HPK. L'étude des matrices 2^3 et 2^4 a montré que le pH avait un effet significatif sur la constante cinétique de dégradation du phénamiphos en milieu aqueux ainsi que les effets d'interaction de 2ème et 3ème ordre entre les différents facteurs étudiés .

IV. Photocatalyse du phénamiphos en présence de TiO_2 supporté

La récupération des catalyseurs utilisés en photocatalyse sous forme poudre après leur usage a, jusqu'à présent, été réalisée par sédimentation accélérée des particules de ce catalyseur [149 -151]. Cependant, ce processus dépend de la stabilité des colloïdes et de la mobilité de la taille des particules du catalyseur, ce qui présente dans certain cas quelques difficultés.

Un moyen pour pallier à cet inconvénient, est de fixer les particules du catalyseur sur un support. Dans cette perspective, plusieurs supports ont été testés. Citons à titre d'exemple l'acier inoxydable [152, 153], le quartz [154], le pyrex [155], les fibres de verre [156], le tissu [157, 158].

Dans cette partie nous avons étudié la cinétique de dégradation photocatalytique du phénamiphos, en utilisant deux types de TiO_2 (P25 et PC 500) supportés sur du verre borosilicaté.

L'influence de la concentration de l'insecticide et du catalyseur, du pH ainsi que celle de la nature du catalyseur sur la vitesse de dégradation a été réalisée afin d'évaluer leurs effets sur l'efficacité photocatalytique du TiO_2 supporté sur la cinétique de dégradation du phénamiphos.

IV.1. Cinétique d'adsorption du phénamiphos

L'objectif de cette étude est d'une part de vérifier si le phénamiphos s'adsorbe bien sur le TiO_2 supporté et à quelle teneur, et d'autre part de déterminer le temps nécessaire pour atteindre l'état d'équilibre d'adsorption. L'expérience consiste à agiter, à l'obscurité, 250 mL d'une solution qui contient la molécule du phénamiphos à une concentration de 10 ppm (pH=5,5 ;   T= 25°C) et le TiO_2 supporté à 1 mg/cm^2 de TiO_2 (P25 ou PC500) (Figure III-18).

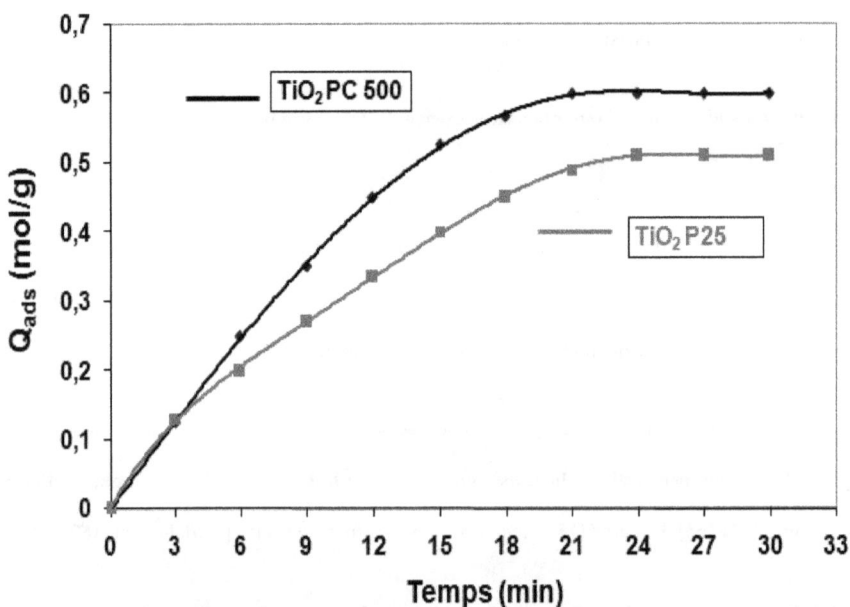

Figure III-18 : Cinétique d'adsorption du phénamiphos sur TiO_2.

Les courbes de la figure III-18 montrent que quel que soit le catalyseur, la quantité adsorbée augmente avec le temps d'agitation pour atteindre un palier au bout d'environ 24 minutes. Ce temps indique que l'équilibre d'adsorption est atteint. Les courbes de cette figure montrent que dans les mêmes conditions, le phénamiphos ne présente pas les mêmes affinités vis-à-vis du solide. Les quantités adsorbées à l'équilibre varient dans l'ordre suivant : TiO_2 « Degussa P-25 » < TiO_2 « Millennium PC-500 ». Ceci est dû probablement à la structure de chaque catalyseur. Pour la suite du travail, la solution est laissée à l'obscurité pendant 20 minutes pour s'assurer de l'établissement de l'équilibre.

IV.2. Influence de la masse de TiO_2 sur la vitesse de dégradation du phénamiphos

Le but de cette étude consiste à déterminer la quantité optimale du catalyseur à utiliser pour la dégradation du phénamiphos.

En catalyse hétérogène, la vitesse de la réaction dépend d'une manière générale de la quantité totale du catalyseur. En revanche, en photocatalyse seule les grains de TiO_2 directement exposés à la radiation ultra-violette sont actifs. Il est bien évident que la masse nécessaire dépend fortement de la géométrie et du volume du réacteur mais aussi de la forme sous laquelle le photocatalyseur est utilisé.

Nos expériences ont été réalisées avec des concentrations de TiO_2 de 0,2 mg/cm² à 1,2mg/cm² supportées sur le verre de type borosilicate et la concentration initial du phénamiphos utilisée est de l'ordre de 10 ppm.

IV.2.1. Cas de TiO_2 millenium PC500

Nous avons préparé différentes concentrations de TiO_2 PC 500 déposées sur verre borosilicate par la méthode de l'immersion (chapitre II). Des solutions du phénamiphos (10 ppm) sont irradiées de manière continue durant 3h en présence du catalyseur supporté. La cinétique de dégradation du phénamiphos est suivie par HPLC. Les variations des concentrations du phénamiphos et la concentration du COT sont présentées respectivement dans la figure III-19 et la figure III-20.

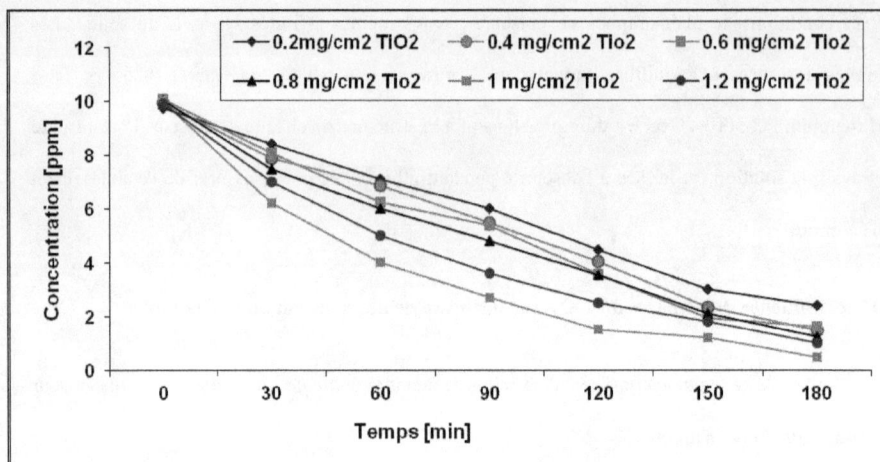

Figure III-19 : Evolution de la concentration du phénamiphos au cours du temps d'irradiation (lampe UV-A Philips, PL-S 9W/10) en présence de différentes quantités de TiO_2 PC500 supportées.

Dans la gamme de concentration de TiO_2 étudiée, la masse du catalyseur influe sur la vitesse de dégradation du pesticide. En effet, un optimum est obtenu pour une masse de 1mg/cm^2. Après un temps d'irradiation de 180 min, 92% de la concentration initial du phénamiphos est dégradé alors que ce pourcentage diminue pour des masses en TiO_2 inférieure ou supérieure à la valeur 1 mg/cm^2.

Pour confirmer cette étude, nous avons déterminé la concentration du COT pour chaque quantité utilisée de TiO_2 PC500 (figure III-20). Les variations du pourcentage du COT et des constantes cinétiques en fonction de la quantité de TiO_2 sont reportées sur les Figures III-21 et le tableau III-15.

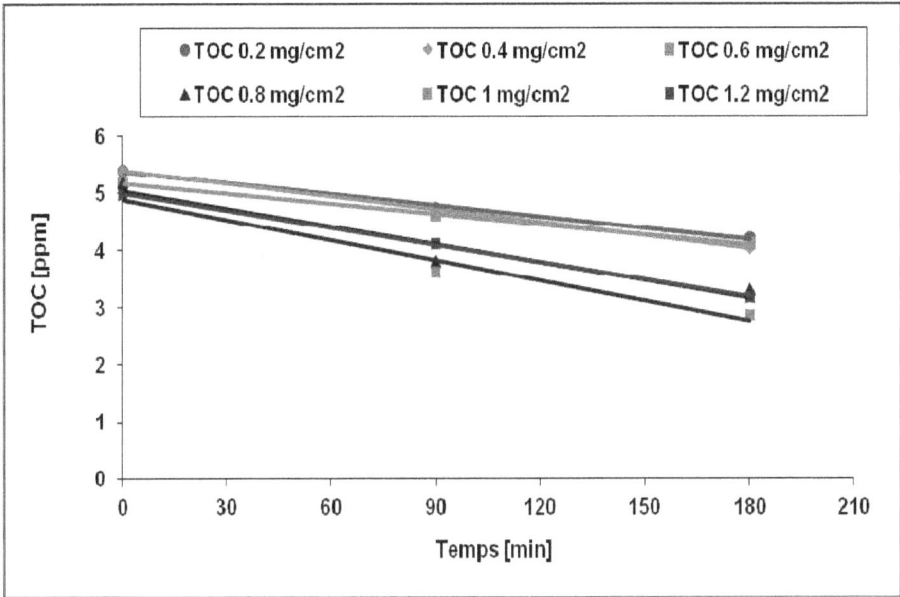

Figure III-20 : Tracé de la concentration du COT pour chaque quantité utilisée de TiO$_2$ PC 500.

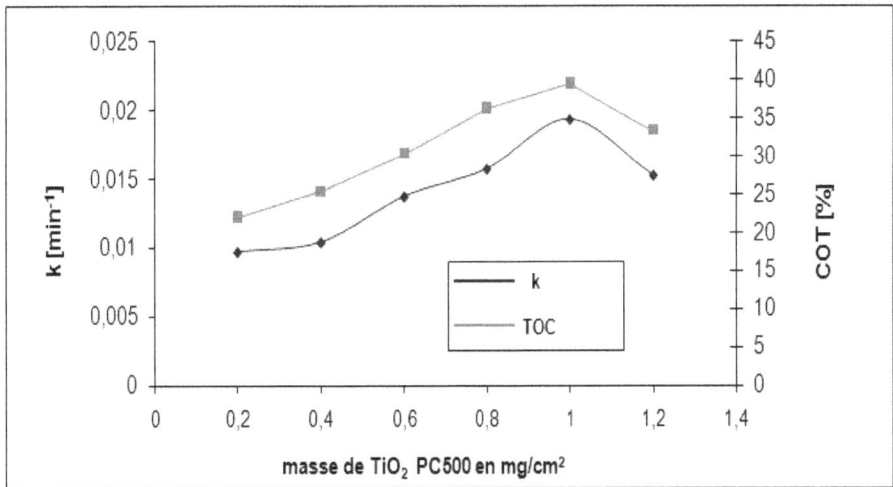

Figure III-21 : Tracé du pourcentage du COT (dégradé) et les constantes vitesses en fonction de la quantité de TiO$_2$ PC 500.

Tableau III-15 : Valeurs du pourcentage du COT et la constante de vitesse en fonction de la quantité de TiO_2 PC 500.

Quantité de TiO_2 [mg/cm^2]	0,2	0,4	0,6	0,8	1,0	1,2
k [min^{-1}]	0,0097	0,0104	0,0137	0,0157	0,0193	0,01523
TOC [%] dégradé	21,92771	25,28267	30,26547	36,14806	39,42983	33,26985

On remarque que la constante de vitesse de dégradation du phénamiphos ainsi que le pourcentage du carbone organique total (COT) augmentent lorsque la masse en TiO_2 augmente jusqu'à 1mg/cm^2 (Tableau III-15). Mais au-delà de 1mg/cm^2, la cinétique de dégradation décroît. Ce phénomène, déjà observé dans de nombreuses études **[135]** est interprété par l'absorption de la lumière par le TiO_2 et la concentration retenue (1 mg/cm^2) correspond à la quantité limite (optimale) où tous les grains du TiO_2 sont photoactivés. Pour des quantités plus élevées de catalyseur, la vitesse de réaction diminue à cause de la saturation de l'absorption des photons ou par la perte de lumière par diffusion.

IV.2.2. Cas de TiO_2 degussa P25

Comme dans le cas de TiO_2 PC500, des concentrations de TiO_2 P25 ont été préparées et déposées sur verre de borosilicate de la même manière et dans les mêmes conditions par la méthode de l'immersion. La cinétique de disparition du phénamiphos et la concentration du COT sont présentées respectivement dans la figure III-22 et la figure III-23.

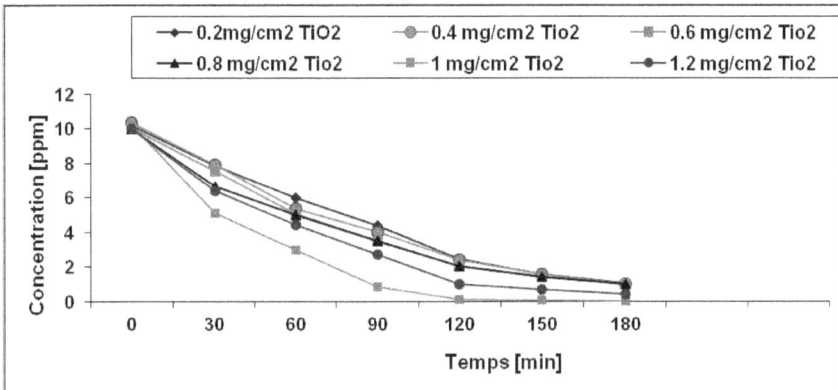

Figure III-22 : Cinétique de disparition du phénamiphos sous irradiation UV (lampe UV-A Philips,

PL-S 9W/10) en présence de différentes quantités de TiO_2 P25.

Les résultats obtenus montrent que lorsque la masse en TiO_2 P25 augmente, la cinétique de dégradation augmente et le temps de disparition de ce produit diminue. Le phénamiphos se dégrade totalement après une durée de 180 min d'irradiation. Toutefois la masse optimale en TiO_2 est de 1 mg/cm². Pour des quantités supérieures, on remarque que la cinétique de dégradation du produit décroît.

Le tracé de la variation de la concentration du Carbone Organique Total (COT) en fonction du temps ainsi que le pourcentage du COT et les constantes de la vitesse de dégradation en fonction de la masse en TiO_2 P25 confirment les résultats obtenus (figures III-23, III-24 et tableau III-16).

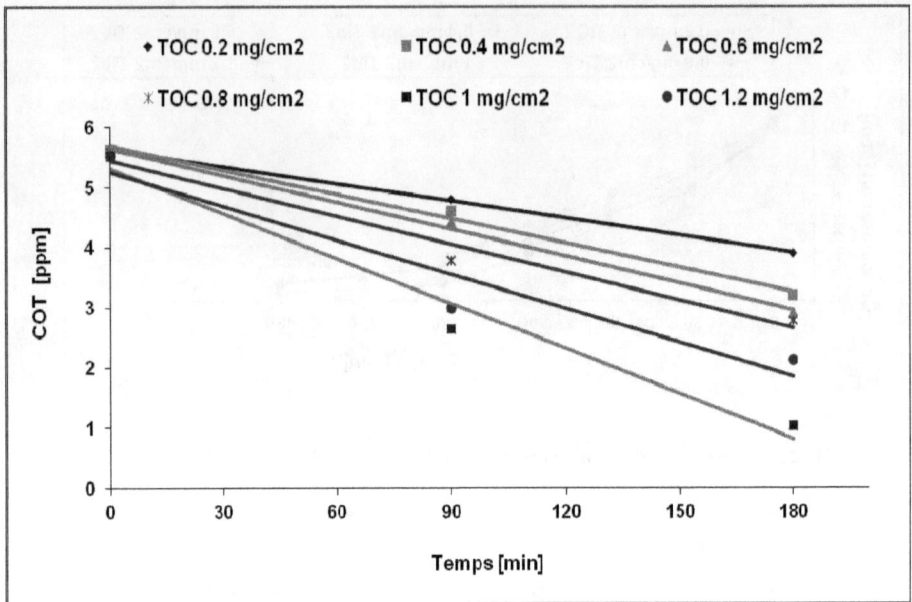

Figure III-23 : Tracé de la concentration du COT pour chaque quantité utilisée de TiO$_2$ degussa P25 en fonction du temps.

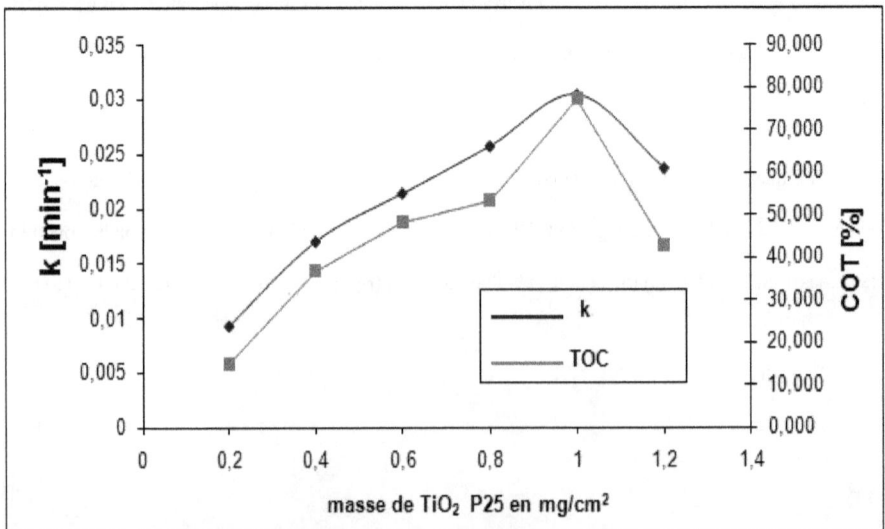

Figure III-24 : Tracé du pourcentage du COT (dégradé) et les constantes vitesses en fonction de la masse de TiO$_2$ degussa P25.

Tableau III-16 : Valeurs du pourcentage du COT et la constante vitesse en fonction de la quantité de TiO$_2$ P25

Quantité de TiO$_2$ [mg/cm^2]	0,2	0,4	0,6	0,8	1,0	1,2
k [min^{-1}]	0,0092	0,0169	0,0213	0,0256	0,0303	0,0236
TOC [%] dégradé	14,748	36,654	48,094	53,256	77,129	42,658

Les constantes de vitesses de dégradation du phénamiphos ainsi que le taux du carbone organique total (COT) dégradé augmentent lorsque la masse en TiO$_2$ augmente jusqu'à 1mg/cm^2 (Tableau III-16). Au delà de cette masse, on remarque que la cinétique de dégradation décroît.

Cette étude a montré qu'une concentration de 1 mg/cm^2 en TiO$_2$ degussa P25 ou TiO$_2$ millenium PC500 est la concentration optimale. La constante de vitesse varie linéairement avec la masse du catalyseur entre 0,2 mg/cm^2 et 1 mg/cm^2. Ce qui nous permet de dire dans ce cas, tous les grains sont photos actives. Autrement dit, la vitesse de dégradation est proportionnelle à la masse donc à la surface de TiO$_2$ et par conséquent à la concentration de la molécule adsorbée. Par contre, au-delà de 1mg/cm^2 de TiO$_2$, une décroissance notable de la cinétique est observée. Ces résultats sont en bonne corrélation avec ceux obtenus pour la dégradation de l'atrazine en utilisant le même système, l'optimum a été de 1,10 mg cm^{-2} [135].

En générale, l'augmentation de la concentration en catalyseur favorise l'adsorption du polluant à la surface, ce qui entraîne une augmentation de la cinétique de dégradation. Toutefois, une trop grande concentration en catalyseur affecte la diffusion de la lumière dans la solution à traiter impliquant ainsi la diminution de la cinétique de dégradation. Dans la suite du travail, la quantité de TiO$_2$ utilisée est fixée à 1 mg/cm^2.

IV.3. Influence de la nature de TiO$_2$ sur la vitesse de dégradation du phénamiphos

De multiples types de TiO$_2$ existent et diffèrent les uns des autres par leurs caractéristiques physiques. Leur efficacité à dégrader les molécules organiques tend également à changer d'une molécule à une autre. Le but de cette étude est de faire une comparaison entre deux séries d'expériences réalisées dans les mêmes conditions en utilisant deux types de catalyseurs de TiO$_2$ (degussa P25 et le millenium PC500), afin d'évaluer l'efficacité du catalyseur sur la cinétique de dégradation du phénamiphos. Pour cela, des solutions du phénamiphos de 10ppm sont introduites dans un réacteur de capacité de 250 mL, en présence de 1 mg/cm^2 de TiO$_2$ supporté sur verre de borosilicate et irradiées par une lampe UV. Les résultats de cette étude et le tracé de ln(C/C$_0$) en fonction du temps d'irradiation sont résumés sur les figures III-25 et III-26.

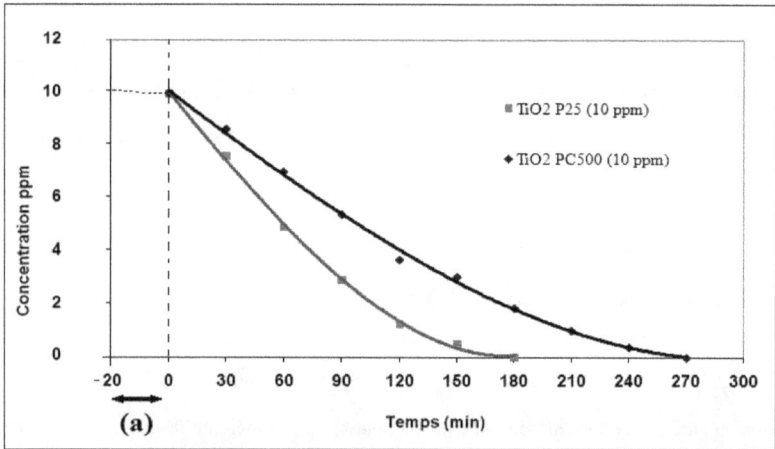

Figure III-25 : Evolution de la concentration du phénamiphos en fonction du temps d'irradiation en présence du catalyseur TiO$_2$ (P25 ou PC500).

(a) : Intervalle de temps nécessaire pour atteindre l'équilibre d'adsorption du pesticide avant le début de l'irradiation.

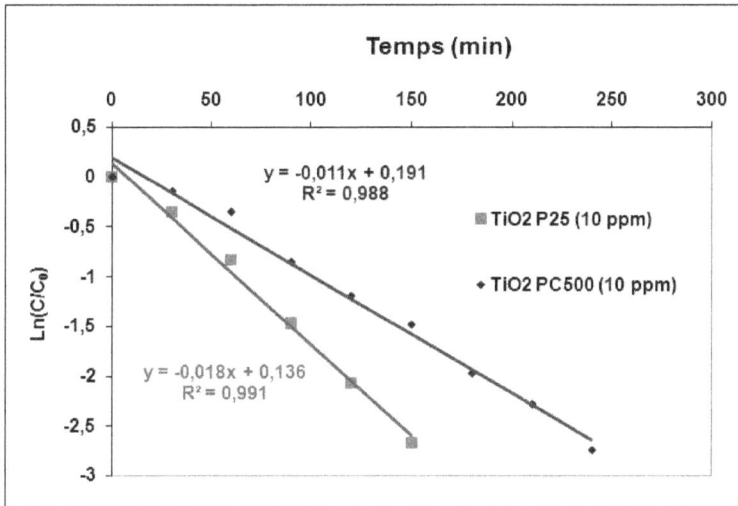

Figure III-26 : Tracé de $\ln(C/C_0)$ en fonction du temps d'irradiation du phénamiphos en présence de TiO_2 P25 et TiO_2 PC500

L'efficacité photocatalytique de TiO_2 dépend de la nature du catalyseur utilisé. La linéarité de $\ln(C/C_0)$ montre que la cinétique de dégradation reste toujours du premier ordre pour les deux types de TiO_2 (Figure III-26). Les valeurs de la constante de vitesse et le temps de demi-vie sont présentées dans le tableau III-17. Le photocatalyseur TiO_2 « P25 » montre une activité photocatalytique supérieure au TiO_2 « PC500 ».

Tableau III-17 : Valeurs de la constante de vitesse et le temps de demi-vie de TiO_2 P25 et PC500

TiO_2	P25	PC500
Constante cinétique k (min^{-1})	$1,83.10^{-2}$	$1,22.10^{-2}$
Temps de demi-vie t ½ (min)	39	57

Pour comparaison, on voit clairement que la constante de vitesse obtenue avec le PC500 est inférieure à celle du photocatalyseur TiO_2 P25, ce résultat montre bien que le phénamiphos se dégrade plus vite en présence de TiO_2 P25. Ce dernier est sélectionné comme photocatalyseur modèle utilisé pour la suite de nos expériences.

Cette différence d'efficacité peut être associée à deux facteurs. Les deux types de catalyseurs sont déposés sur verre, mais le TiO$_2$ PC500 ne présente pas une bonne adhérence sur le verre de borosilicate et passe en solution comparativement au TiO$_2$ P25 (figure III-27). De même, la faible efficacité du photocatalyseur PC500 supporté sur verre peut s'expliquer aussi par la différence des caractéristiques texturales et structurales de ce dernier (100% anatase, 55m^2/g taille du surface et 6,1 des pores) par rapport à celles du P25 (80% anatase et 20% rutile, 317m^2/g taille du surface, non poreux).

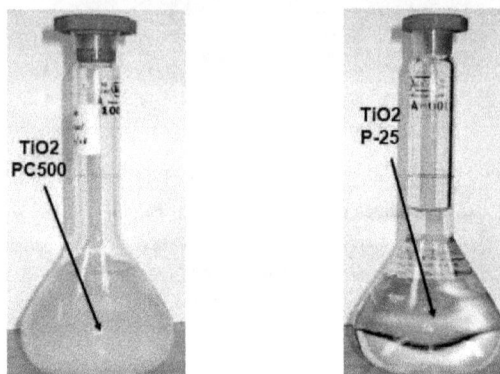

a) TiO$_2$ PC500 en suspension   b) absence de grain de TiO$_2$ P25
Figure III-27 : Etat de la solution après essai d'irradiation en présence de TiO$_2$ PC 500 (a) et

de P25 (b).

IV.4 Effet de la concentration initiale du phénamiphos sur la cinétique de dégradation

L'étude cinétique de la réaction photocatalytique du phénamiphos en fonction de la concentration initiale a été réalisée en faisant varier la concentration initiale de 4 à 20 mg/L. La figure III-28 rapporte la cinétique de photodégradation du phénamiphos en fonction du temps d'irradiation en présence de TiO$_2$ P25 supporté (1 mg/cm^2). Les résultats obtenus montrent que plus la concentration initiale du pesticide est importante, plus le temps nécessaire à sa disparition est long (Figure III-29).

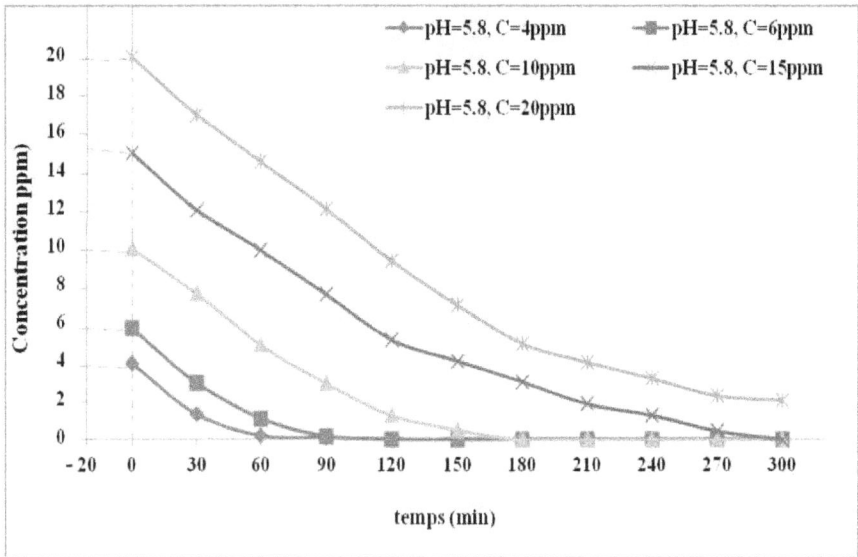

Figure III-28: cinétique de dégradation du phénamiphos à différentes concentrations en présence de TiO$_2$ P25.

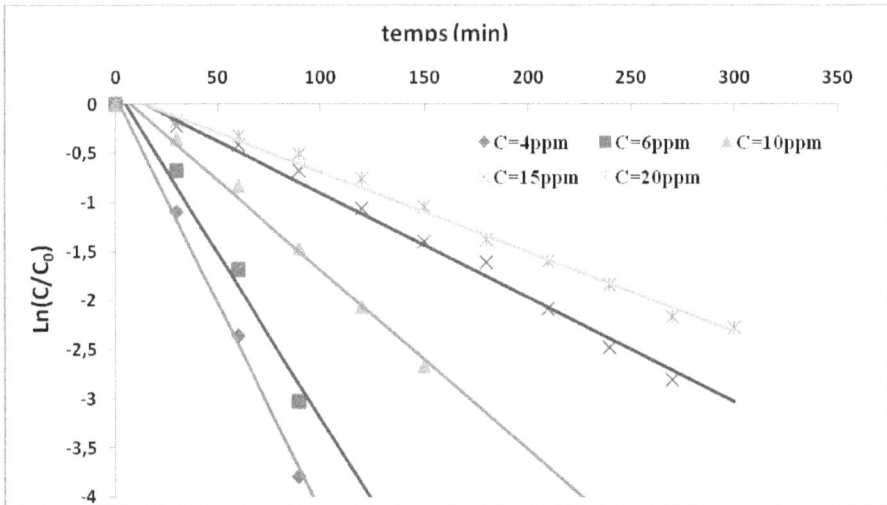

Figure III-29 : Tracé de ln(C/C$_0$) en fonction du temps d'irradiation à différentes concentrations du phénamiphos en présence du TiO$_2$ P25.

L'effet de la concentration initiale sur la vitesse initiale de dégradation photocatalytique du phénamiphos est représenté par la courbe de la figure III-30. Ces résultats indiquent que la vitesse initiale de dégradation augmente avec la concentration initiale. L'allure des courbes est similaire à celle obtenue dans le modèle cinétique de Langmuir-Hinshelwood (L-H) [159] et dont l'expression de la vitesse initiale est donnée par l'équation suivante :

$$V_0 = k_{ap} C_0 = \frac{k\,K_{LH}\,C_0}{1 + K_{LH}\,C_0} \qquad \text{Équation (3)}$$

La transformée linéaire peut s'écrit :

$$\frac{1}{V_0} = \frac{1}{k} + \frac{1}{k}\frac{1}{K_{LH}}\frac{1}{C_0} \qquad \text{Équation (4)}$$

Avec,

V_0 : Vitesse initiale de disparition du pesticide.

k : Constante de vitesse de dégradation photocatalytique.

K_{LH} : Constante de l'équilibre d'adsorption de substrat sur le dioxyde de titane sous irradiation.

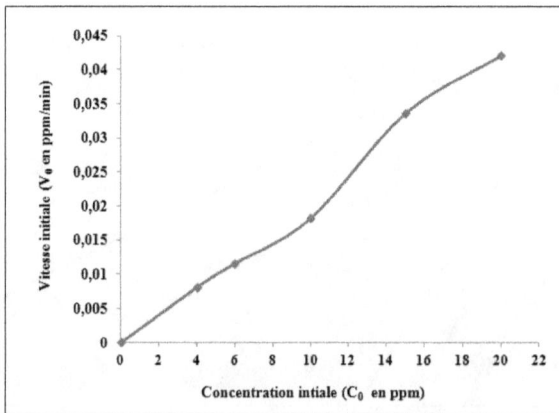

Figure III-30 : Effet de la concentration initiale sur la vitesse initiale de dégradation photocatalytique du phénamiphos.

La linéarisation de l'équation (4) permet de déterminer graphiquement ces constantes, en considérant la droite de pente $1/kK_{LH}$ et d'ordonnée à l'origine $1/k$ (figure III-31).

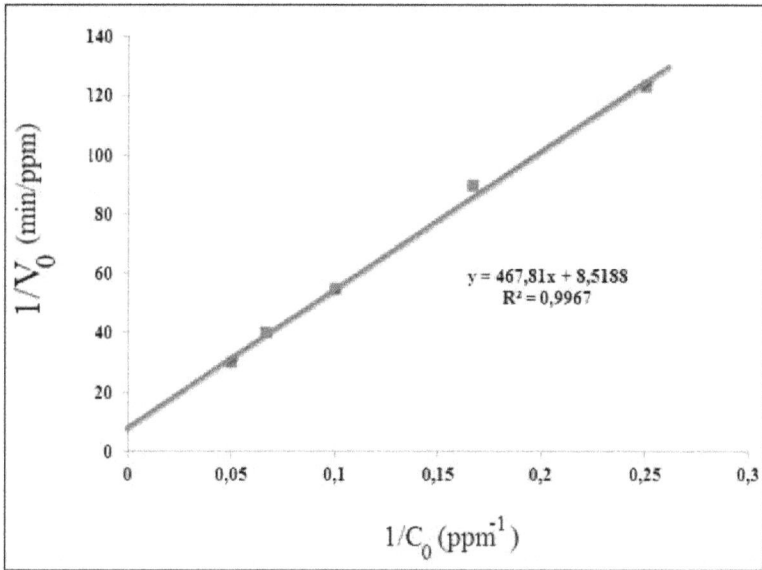

Figure III-31 : Linéarisation du modèle de Langmuir-Hinshelwood (L-H).

La transformée de $1/V_o$ en fonction de $1/C_o$ montre que la réaction suit bien le modèle de L-H, largement adopté par de nombreux chercheurs [159, 160]. La photodégradation du pesticide se produit donc essentiellement à la surface du dioxyde de titane. Le tableau III-18 rassemble la constante de vitesse k et la constante d'équilibre d'adsorption K_{LH} observées pour le phénamiphos.

Tableau III-18 : Constantes du modèle de Langmuir-Hinshelwood (L-H) du phénamiphos.

Constantes	k (mg/L.min)	K_{LH} (L/mg)
	0,105	0,225

Nous observons que K_{LH} est nettement supérieure à K_{ads} (0,0824 L/mg). Ce résultat est fréquemment rencontré dans la littérature, c'est-à-dire que la constante calculée sous irradiation K_{LH}

est plus forte que K_{ads} calculée à l'obscurité **[160, 161]**. Cette augmentation de K_{LH} est due à une photoadsorption, et que la réaction de photodégradation a lieu non seulement en surface mais aussi en solution.

IV.5. Effet du pH sur la cinétique de dégradation du phénamiphos

Le pH est un paramètre qui conditionne les propriétés superficielles des solides et l'état où se trouve le polluant en fonction de son pKa. C'est un facteur qui caractérise les eaux à traiter. Son effet sur l'activité photocatalytique est important afin d'évaluer l'efficacité de la technique dans le cas d'une eau chargée en polluant. D'une façon générale, lorsqu'un composé est partiellement ionisé ou porteur de fonctions chargées, il faut considérer les interactions électrostatiques qui peuvent avoir lieu entre le TiO_2 et ce composé. En effet, selon le point de charge nulle (PCN) du solide, la charge superficielle de ce dernier dépend du pH. Ainsi, pour le TiO_2 où le PCN = 6,3, la surface est chargée positivement pour des pH < 6,3, et négativement pour des pH> 6,3 (figure III-32) **[162]**.

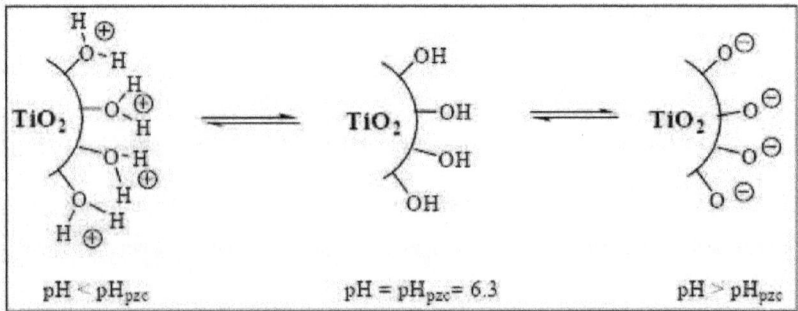

Figure III-32: Modification de la charge de surface du TiO_2 en fonction du pH **[162]**.

La cinétique de dégradation photocatalytique du phénamiphos en présence de TiO_2 P25 à une concentration de 10 ppm et à différents pH (3,5 ; 5,6 ; 8,5) a été étudiée. La première étape a été de déterminer la quantité adsorbée du phénamiphos en fonction du temps d'irradiation pour différents pH (figure III-33). La quantité adsorbée du phénamiphos augmente avec le temps d'agitation pour atteindre un équilibre au delà de 20 minutes pour les trois pH utilisés.

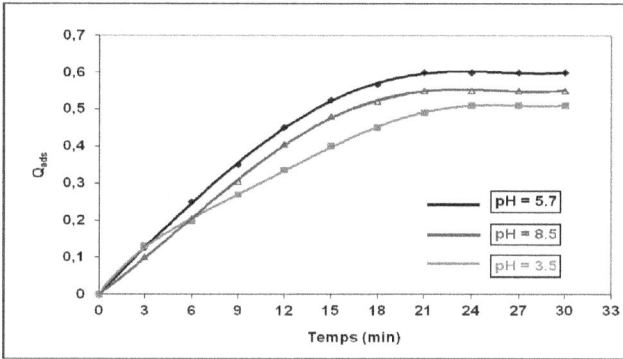

Figure III-33 : La quantité adsorbée du phénamiphos en fonction du temps à différents pH.

La figure III-34 traduit l'élimination du phénamiphos en fonction du temps d'irradiation pour différentes valeurs de pH en présence de TiO_2 P25. Il semble d'après ces résultats que la photodégradation est plus importante aux pH acides. La cinétique maximale de dégradation est observée à pH = 3,5. L'effet du pH initial de la solution sur le processus de photodégradation est très important car il influe sur la charge électrique des particules.

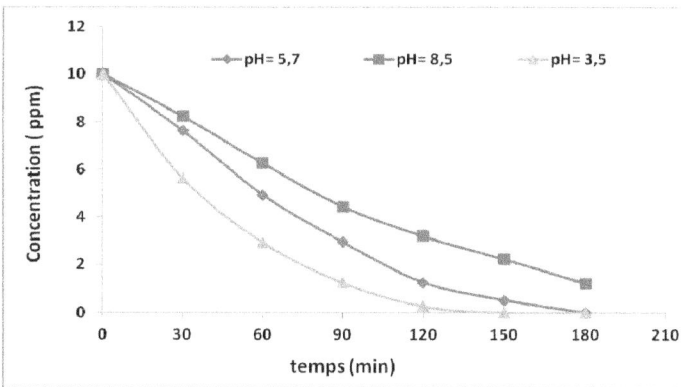

Figure III-34 : Cinétique de dégradation du phénamiphos en fonction du temps à différents pH en présence de TiO_2 P25.

IV.6. Mesure du carbone total organique (COT)

Dans la perspective de confirmer la minéralisation du phénamiphos lorsqu'il est soumis à un processus de dégradation photocatalytique en présence de TiO_2 P25. Nous avons suivi l'évolution de la teneur en COT en fonction du temps d'irradiation. Les résultats obtenus sont reportés sur la figure III-35.

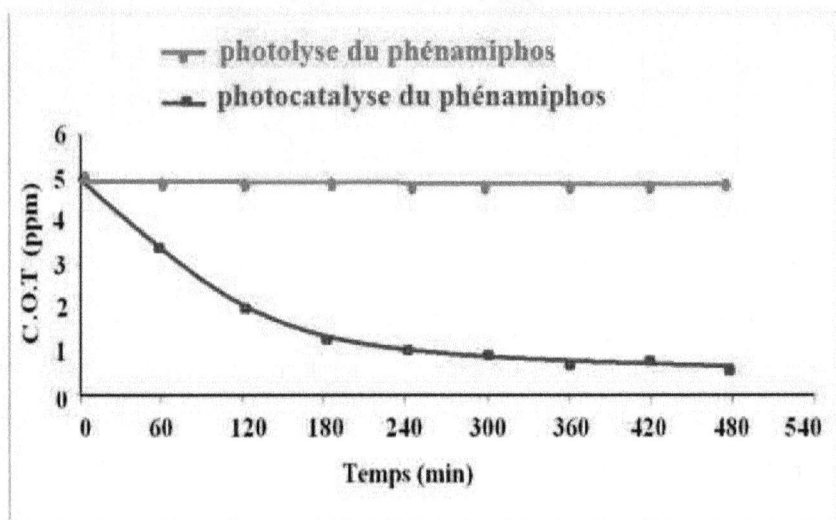

Figure III-35 : Evolution du pourcentage du carbone organique totale par rapport au temps.

Une légère diminution du COT s'est produite lors de l'adsorption du phénamiphos sur le catalyseur. En revanche, la minéralisation n'est sensée se produire qu'à partir du moment où la solution du pesticide est irradiée. Nous avons évalué le carbone organique total en tant que mesure de la concentration globale des intermédiaires organiques produites lors de la dégradation. La figure III-35 montre l'évolution du COT en fonction du temps pendant la dégradation photolytique et photocatalytique du phénamiphos en présence de TiO_2 P25.

La photolyse du phénamiphos montre que la concentration du carbone organique total de ce produit reste stable pendant une durée de 8 heures, ce qui confirme les résultats trouvé par

HPLC/MS. En effet, en photolyse, le phénamiphos subit une oxydation pour donner deux sous produits FSO et FSO_2. Par contre, la photocatalyse correspond à un processus de dégradation du phénamiphos, car on remarque bien qu'il y a une diminution de la concentration du COT. La diminution de la concentration du carbone organique est beaucoup plus faible que la vitesse de dégradation du phénamiphos indiquant que l'on peut avoir un processus d'oxydation suivi par une minéralisation.

IV-7- Conclusion

La dégradation photocatalytique du phénamiphos a été étudiée dans un photoréacteur en utilisant deux types de TiO_2 commerciales : Degussa P25 et Millennium PC500. Les catalyseurs ont été supportés sur du verre borosilicate à différentes masses. La dégradation du phénamiphos suit une cinétique apparente de premier ordre pour les deux catalyseurs étudiés. La masse optimale pour les deux catalyseurs est d'environ 1 $mg.cm^{-2}$. Le taux de dégradation a été aussi étudié en fonction de la concentration initiale de phénamiphos. La photocatalyse en présence de TiO_2 est donc bien adaptée à la dégradation des polluants en faible concentration en solution aqueuse. En outre, lorsque le pH de la solution initiale est plus faible (acide), la cinétique de dégradation du phénamiphos augmente. Enfin, la disparition du COT confirme le processus de minéralisation du phénamiphos lors de photodégradation en présence de TiO_2.

Conclusion Générale

La pollution engendrée par les pesticides aujourd'hui admet un caractère mondial ; bien que les pays industrialisés surveillent et règlent l'usage des produits phytosanitaires.

Malgré les efforts pour développer des méthodes alternatives, les pesticides sont toujours le moyen de lutte prédominant et leurs résidus constituent une menace potentielle [163-165]. Il est donc pertinent que les pesticides soient examinés pour leur toxicité. Dans le contexte actuel de volonté de développement durable de l'agriculture, il apparaît nécessaire d'adopter une meilleure gestion des produits phytosanitaires afin de préserver la qualité des eaux de surface.

Afin de pouvoir déterminer le devenir environnemental des produits phytosanitaires, il est essentiel d'améliorer notre compréhension de leur comportement dans l'eau. Cette étude s'inscrit dans ce cadre et permet une meilleure appréciation du potentiel de la photocatalyse hétérogène dans la décontamination de l'eau à température ambiante.

La première partie est une contribution à l'étude du comportement du phénamiphos dans les milieux aquatiques en termes de photolyse. La deuxième partie de ce travail s'inscrit dans le cadre de l'étude de sa photodégradation en milieu aqueux en présence de TiO_2 poudre ou supporté sur verre borosilicaté. Plusieurs facteurs influençant ces processus ont été étudiés par la MRE.

Les résultats obtenus au cours de l'étude de la phototransformation direct du phénamiphos ont montré que, d'une manière générale, les réactions, dans nos conditions expérimentales, suivent une cinétique du premier ordre. La transformation du phénamiphos est plus rapide avec la lampe HPK qu'avec la lampe Philips ou bien la lumière solaire, ceci est dû au fait de la différence de puissance entre les irradiations utilisées. La cinétique de transformation du phénamiphos dépend de l'intensité de la lumière utilisée pour l'irradiation et la constante de vitesse apparente est proportionnelle à $I^{0.5}$ (Intensité de la lumière).

Sous irradiation UV, l'analyse HPLC/MS montre que le phénamiphos subit une oxydation en phénamiphos Sulfoxyde (FSO) en phénamiphos sulfone (FSO$_2$). Ces résultats sont en accord avec ceux reportés dans la littérature.

L'étude cinétique de l'adsorption du phénamiphos sur deux photocatalyseurs commerciaux en suspension ou supporté (le TiO$_2$ P-25 et le TiO$_2$ PC500) a montré que la fixation de ce dernier sur ces supports dépend de plusieurs facteurs à savoir leur structure, leur dose, et aussi le pH du milieu.

En présence de TiO$_2$ P-25 et sous irradiation UV, les analyses chimiques effectuées par HPLC à différents temps de réaction ont permis de montrer que la dégradation photocatalytique conduit à une dégradation totale du substrat selon une cinétique apparente de premier d'ordre.

La deuxième partie a été consacrée à la dégradation de cet insecticide par la TiO$_2$ supporté sur verre borosilicaté en phase aqueuse. Plusieurs résultats ont été mis en évidence.

- Du point de vue cinétique, l'étude a monté que la rétention du phénamiphos sur les deux supports (TiO$_2$ P-25 et TiO$_2$ PC500) est très rapide et se produit durant les premières minutes de contact pour atteindre l'équilibre après 20 min.
- Concernant l'effet du pH de la solution dans la gamme étudiée, une meilleure adsorption est observée pour des valeurs de pH neutre proche du point de charges nulles de TiO$_2$.

L'étude de l'influence des facteurs qui affectent la dégradation photocatalytique a montré que :

- La dose optimale du catalyseur P-25, où l'activité photocatalytique est maximale, est de 1mg.cm^{-2}.
- Le pH influence la vitesse de dégradation, une meilleure dégradation est observée à un pH acide.

- La dégradation photocatalytique est fonction de la concentration initiale en pesticide, les expérimentations réalisées dans le domaine de concentration choisi ont permis de dégager deux observations principales: (i) la constante de vitesse est inversement proportionnelle à la concentration initiale en phénamiphos et (ii) le modèle de Langmuir-Hinshelwood est bien adapté pour décrire la cinétique de disparition de cet insecticide.

La concentration en photocatalyseur joue un rôle important sur la cinétique de dégradation. Ainsi, une augmentation de la concentration favorise l'adsorption du polluant à la surface, ce qui entraine une augmentation de la cinétique de dégradation, toutefois, une trop grande concentration en catalyseur affecte la diffusion de la lumière dans la solution à traiter impliquant une diminution de la cinétique de dégradation.

L'utilisation de la méthodologie de la recherche expérimentale (matrice de Doehlert) a permis d'établir les conditions optimales de minéralisation. L'étude des divers paramètres (concentration du catalyseur, concentration initiale du phénamiphos, pH, température et la concentration des ions Fe2+) susceptibles d'influencer la disparition du phénamiphos par le procédés photolyse et photocatalyse, a été réalisée par la mise en œuvre d'un plan factoriel complet.

Au cours de cette étude, l'effet le plus important est associé au pH. La cinétique de dégradation est d'autant plus importante que le pH est acide.

Des mesures du TOC ont permis de mettre en évidence la minéralisation du phénamiphos lors du processus de photocatalyse en présence de TiO_2.

L'ensemble de ces résultats, montre que la photocatalyse hétérogène est une technique efficace pour la dégradation des polluants organiques présents dans les eaux.

Références
Bibliographiques

[1] Meyer A, Chrisman J, Moreira J.C, Koifman S. Cancer mortality among agricultural workers from Serrana Region, state of Rio de Janeiro, Brazil. Environ Res., 93 (2003) 264-271.

[2] Viel J.F, Challier B, Pitard A, Pobel D. Brain cancer mortality among French farmers: the vineyard pesticide hypothesis. Arch. Environ. Health., 53 (1998) 65–70.

[3] Bintein S, Devillers J. Evaluating the environmental fate of atrazine in France, Chemosphere, 32:12 (1996) 2441-2456.

[4] Glotfelty D.E, Majewski M.S, Seiber J.N. Distribution of several organophosphorus insecticides and their oxygen analogues in a foggy atmosphere, Environ. Sci. Technol., 24 :3 (1990) 353-357.

[5] Schomburg C.J, Glotfelty D.E, Seiber J.N. Pesticide occurrence and distribution in fog collected near Monterey Californias 25:1 (1991) 155-160.

[6] Direction de la protection des végétaux, des Contrôles Techniques et de la Répression des Fraudes (DPVCTRF), Etablissement Autonome de Contrôle et de Coordination des Exportations (EACCE), laboratoire Officiel d'Analyse et de Recherche Chimiques (LOARC), Institue Agronomique et Vétérinaire (IAV) et Société Agricole de Service au Maroc (SASMA) . Rapport de la commission des pesticides à usage agricole. Ministère de l'agriculture, du développement rural et de la pèche maritimes. Royaume du Maroc.

[7] Hormatallah A., Projet TCP/MOR/3303/ Facility Assistance technique sur la réglementation et la gestion des pesticides au Maroc, Système d'approvisionnement, distribution, de stockage et du transport des pesticides au Maroc. (2011).

[8] Senhaji S., Etude de la libération,de la photodégradation et l'adsorption des pesticides en utilisant des systèmes de libération controlée. Thèse de doctorat de 3ème cycle, Univ. Hassan II, Faculté des sciences Ain Chock-Casablanca. (1996).

[9] Menou S., Comparaison de méthodes d'analyses de traces de pesticides organiques dans les productions végétales parchromatographie et immunodosages (ELISA). Thèse de doctorat, Université d'Angers. (1995).

[10] El Azzouzi M., Persistance, mobilité et photodegradation de l'imazapyr dans le sol et l'eau. Thèse de Doctorat d'etat. Univ. Mohammed V, Faculté des sciences de Rabat. (1999).

[11] Stoppelli I.M, de Britosa and Crestana S. Pesticide exposure and cancer among rural workers from Bariri, Sao Paulo State, Brazil. Environment International. 31 (2005) 731- 738.

[12] Perrat C., Devenir pesticides dans les sols : validation des méthodes d'analyse et isothermes d'adsorption. Mémoire de DEA. Laboratoire de Chimie, Physique appliquées et environnement, INSA Lyon (2001).

[13] Harir M., Phototransformation de l'imazamox en milieu aqueux Par excitation directe et indirecte: Etude cinetique et caracterisation des photoproduits. Thèse de doctorat. Univ. Mohammed V, Faculté des sciences-Rabat. (2008).

[14] Mechrafi E., Adsorption, désorption et mobilité des herbicides au contact des adsorbants organiques et minéraux. Thèse de doctorat. Univ. Mohammed V, Faculté des sciences-Rabat. (2002).

[15] Mekaoui M., Etude de l'adsorption, de la persistance et de la photodégradation de l'herbicide Tribenuron Méthyle (TBM) dans le sol et l'eau. Thèse de doctorat d'état. Univ. Mohammed V, Faculté des sciences-Rabat. (2001).

[16] Tue M., Hurd C. and Randall J. M., Weed control Methodes Handbook. The Nature Conservancy. (2001).

[17] L M'rabet M., Contribution à l'étude de l'adsorption du carbofurant et du phénamiphos par les complexes argilo-humiques et part les sols et de la biodégradation du carbofuran. Thèse d'état. Université Ibn Tofail, Faculté des sciences-Kenitra. (2002).

[18] Piart J. Etude expérimentale des phénomènes de dégradation de certains insecticides organiques de synthèse. Cahiers ORSTOM Volume 13, Numéro 1, série Biologie, (1978).

[19] Fournier J., Auberlet-delle Vedove A., MORIN C., Formulation des produits phytosanitaires In : Pesticides et protection phytosanitaire dans une agriculture en mouvement/ ed. Par le

MINISTERE DE L'ECOLOGIE ET DU DEVELOPEMENT DURABLE Paris : ACTA, (200) p : 473-491.

[20] Tahiri M., Formulation des pesticides. Laboratoire Officiel d'analyses et de recherches chimique. IAV Hassan II-Maroc / DES-ZEL Germany (22-30 avril 1997).

[21] Agenda phytosanitaire de l'association marocaine des négociateurs importeurs et formulateurs de produits phytosanitaires amphy (2001).

[22] Bedos C., P. Cellier R., Calvet and Barriuso E., Occurrence of pesticides in the atmosphere in France, Agronomie, 22 (2002) 35-49.

[23] Mestres R. & Souliac L., Autorisation de mise sur le marché des produits phytosanitaires et conséquences, pp. 61 3-628. In: Pesticides et protection phytosanitaire dans une agriculture en mouvement. ACTA, Ed., Ministère de l'Ecologie et du Developement Durable (2002).

[24] Voltz M, Louchart X. Phytosanitaires: transfert, diagnostic et solutions correctives. Congrès du Groupe français des pesticides No31, Lyon, FRANCE, NS (1 p.1/4), (2001) 45-54.

[25] Roche F., Transferts des produits phytosanitaires vers l'atmosphère, Mécanismes de transfert des produits phytosanitaires, Document provisoire de la Cellule Régionale d'Etude des Pollutions des Eaux par les Produits Phytosanitaires (CREPEPP), Pays de Loire, mai (1998).

[26] Fenske R.A, Kedan G, Lu C, Fisker-Andersen J.A, Curl C.L. Assessment of organophosphorus pesticide exposures in the diets of preschool children in Washington State. J. Exposure Analysis Environ. Epidemiol., 12 (2002) 21-28.

[27] Piart J., Etude expérimentale des phénomènes de dégradation de certains insecticides organiques de synthèse. ORSTOM, Cahiers ORSTOM Volume 13, Numéro 1, série Biologie, (1978).

[28] Aida KesraouI-Abdessalem Dégradation des pesticide chlortoluron,carbofurane et bentazone en milieux aqueuxpar les procédés d'oxydation avancée. (Le 12 Décembre 2008).

[29] Bedding N.D., McIntyre A.E., Perry R, and Lester J.N., Organic contaminants in the aquatic environment: II.Behaviour and fate in the hydrological cycle. Sc. Tot. Environ. (26) (1983) 255-312.

[30] Mansour M, Feicht E, and Meallier P. Improvement of the photostability of selected substance in aqueous medium. Toxicol. Environ. Chem. 1989, (20/21) 139-147.

[31] Lichtenthaler R.G., Photochemical processes in water and their simulation for the degradation of organic micropolluants. In: Organic micropolluants in the aquatic environment; Editors: Angeletti, G and Bjorseth, A., publisher: Kluger Academic, Dordrecht/Boston/London. (1990) 228-233.

[32] Miller G.C. and Zepp R.G., Extrapolating photolysis rates from the laboratory to the environment. Residue Rev. (85) (1983) 88-110.

[33] Wauchope R. D., T. M. Buttler., A. G. Hornsby., Augustijn-Beckers P. W. M. and Burt J. P., The SCS/ARS/CES Pesticide Proprieties Database for Environmental decision-Marking. Reviews of Environmental Contamination and toxicology. 123 (1992) 1-155.

[34] Madani M., Contribution à l'étude de l'adsorption de l'imazethapyr et de la photodégradation catalysée de l'imazethapyr et diuron. Thèse de doctorat. Univ. Mohammed V, Faculté des sciences-Rabat. (2004).

[35] Seiber J. N., Principals governing mobility and fate of pesticides, in: Pesticides minimizing the risk. (Ed). Ragsdale N. N. and Kuhr R. J., ACS. Symposium series, N° 336, (1987) 80-105.

[36] Singh B.K., Walker A., Microbial degradation of organophosphorus compounds. FEMS Microbiol. Rev. 30 (2006) 428–471.

[37] Australian Academy of Technological Sciences and Engineering. Pesticide use in Australia. Victoria, Australia: Australian Academy of Technological Sciences and Engineering; (2002).

[38] Cáceres T., Ying GG., Kookana R., Sorption of pesticides in banana production on soils of Ecuador. Aust J Soil Res 40 (2002) 1085–94.

[39] Megharaj M., Singh N., Kookana R., Naidu R., Hydrolysis of fenamiphos and its oxidation products by a soil bacterium in pure culture, soil and water. Appl Microbiol Biotechnol, 61 (2003) 252–6.

[40] Kamrin M.A., Pesticide Profiles: Toxicity, Environmental Impact and Fate. CRC Press, LLC, Boca Raton. (1997) 676.

[41] Karpouzas D., Hatziapostolou P., Papadopoulou E., Giannakou I., Georgiadou A., The enhanced biodegradation of fenamiphos in soil from previously treated sites and the effect of soil fumigants. Environ. Toxicol. Chem. 23 (9) (2004) 2099–2107.

[42] Dahchour A., Wright D. J., and Evans A.A., Laboratory srudies on the persistance of cadusaphos, isazopho, and fenamiphos in Moroccean soilsof differing pH. XI Symposium of Pesticide Chemistry, (1995) 271-277. .

[43] Ou L.T., Thomas J.E., Dicksonnn D.W., Degradation of fenamiphos in soil with a history of continuous fenamiphos applications. Soil Sci. Soc. Am. J. 58 (1994) 1139–1147.

[44] American Conference of Governmental Industrial Hygienists, Inc. Documentation of the Threshold Limit Values and Biological Exposure Indices: Sixth Edition, Volume I. (1991).

[45] Sabadie J., Nicosulfuron: Alcoholysis, Chemical Hydrolysis, and Degradation on Various Minerals. J. Agric. Food Chem, 50 (2002) 526-531.

[46] U.S. Environmental Protection Agency. Health Advisories for 50 Pesticides. Fenamiphos. Office of Drinking Water. (1988).

[47] Projet de l'information de pesticide des bureaux coopératifs de prolongation de l'université de Cornell, de l'université de l'Etat du Michigan, de l'université de l'Etat de l'Orégon, et de l'université de la Californie chez Davis. (1994).

[48] barriuso E., Calvet R., Schiavon M. et Soulas G., Les pesticides et les polluants organiques des sols. Transformation et dissipation. Etude et Gestion des sols. Numèro spécial (3, 4) (1991) 279-296.

[49] Atmakuru R. And Muthkrishnan B., Kinetics and hydrolysis of fenamiphos, fipronil and trifluralin in aqueous beffur solutions. J. Agric. Food Chem., 47 (1999) 3367-3371.

[50] Vroumsia T., Steiman R., Seigle-Murandi F., Benoit-Guyod J.L., Khadrani A., Biodegradation of three substituted phenylurea herbicides (chlortoluron, diuron, and isoproturon) by soil fungi. A comparative study. Chemosphere, 33 (1996) 2045-2056.

[51] Daumer M.L., Beline F., Guiziou F., Sperandio M. Influence of pH and Biological Metabolism on Dissolved Phosphorus during Biological Treatment of Piggery Wastewater. Biosystems Engineering., 96:3 (2007) 379–386.

[52] Loehr R.C. Pollution Control for Agriculture. Academic Press, New York, NY, 1977 382.

[53] Bliefert C., Perraud R., Chimie de l'environnement, air, eau, sols, déchets.. Editions DeBoeck Université, Paris, (2001) 477.

[54] Kim J., Cai Z., Benjamin M.M. Effects of adsorbents on membrane fouling by natural organic matter. J. Membr Sci., 310 (2008) 356–364.

[55] Barbot E., Moulin P., Swimming pool water treatment by ultrafiltration–adsorption process. J.Membr Sci., 314 (2008) 50-57.

[56] Berbar Y., Amara M., Kerdjoudj H., Anion exchange resin applied to a separation between nitrate and chloride ions in the presence of aqueous soluble polyelectrolyte. Desalination, 223 (2008) 238–242.

[57] Ormad M.P., Miguel N., Claver A., Matesanz J.M., Ovelleiro J.L., Pesticides removal in the process of drinking water production. Chemosphere, 71 (2008) 97–106.

[58] Sado J., Les plans d'expériences : de l'expérimentation à l'assurance qualité. Afnor Technique, (1991).

[59] Gao B-Y., Yue Q-Y., Wang Yan., Coagulation performance of polyaluminum silicate chloride (PASiC) for water and wastewater treatment. Sepa. Purif. Technol., 56 (2007) 225–230.

[60] Costaz P., Miquel J., Reinbold M., simultaneous electroflotation and disinfection of sewage. Wat. Res., 17:3 (1983) 255-262.

Docteur   *El Yadini Adil*

[61] Allegre C., Maisseub M., Charbita F., Moulina P., Coagulation–flocculation–decantation of dye house effluents: concentrated effluents. J. Hazard. Mater., B116 (2004) 57–64.

[62] Ahling B., Wiberger K., Incineration of Pesticides Containing Phosphorus. J. Environ. Qual., 8 (1979) 12-13.

[63] Lide D.R., "Handbook Of Chemistry And Physics", CRC Press, 72ème édition (1991 1992).

[64] Murray C.A., Parsons S.A., Removal of NOM from drinking water: Fenton's and photo-Fenton's processes. Chemosphere, 54 (2004) 1017-1023.

[65] Oturan M.A. An ecologically effective water treatment technique using electrochemically generated hydroxyl radicals for in situ destruction of organic pollutants. Application to herbicide 2,4-D. J. Appl. Electrochem., 30 (2000) 477-478.

[66] Silva D.N., Zagatto P.J., Guardani R., Nascimento C.A., Remediation of polluted soils contaminated with linear alkylbenzenes using Fenton's reagent. Brazilian Arch. Biolo. Technol, 48 (2005) 257-265.

[67] Oturan M.A., Pinson J. Hydroxylation by electrochemically generated •OH radicals. Mono- and polyhydroxylation of benzoic acid: products and isomers' distribution. J. Phys. Chem., 99 (1995) 13948-13954.

[68] Brillas E, Sauleda R, Casado J. Degradation of 4-chlorophenol by anodic oxidation, electro-Fenton, photo-electro-Fenton and peroxi-coagulation processes. J. Electrochem. Soc., 145 (1998) 759-765.

[69] Andreozzi R., Caprio V., Insola A., Marotta R., Advanced oxidation processes (AOP) for water purification and recovery, Catalysis Today, 52 (1999) 51-59.

[70] Barbeni M., Minero C, Pelizetti E., Serpone N, Chemical dégradation of chlorophenols with Fenton's reagent. Chemosphere, 16 (1987) 2225-2237.

[71] Fenton H.J.H., Journal of the Chemical Society, London, 65 (1894) 899-910.

[72] Rivas F. J., Navarrete V., Beltrán F. J., García-Araya J. F., Applied Catalysis B: Environmental, Volume 48, Issue 4, 8 (2004) 249-258.

[73] Bandala E. R., Martínez D., Martínez E., Dionysiou Toxicon D. D., Volume 43, Issue 7, (2004) 829-832.

[74] Peralta-Hernández J.M., Meas-Vong Y., Rodríguez F. J., Chapman T. W., Maldonado M. I., Godínez   L. A., Water Research, Volume 40, Issue 9, (2006) 1754-1762.

[75] Le T.G., De Laat J., Legube B. Effects of chloride and sulfate on the rate of oxidation of ferrous ion by H_2O_2. Water Res., 38 (2004) 2384-2394.

[76] Wan B.H., Wong K.M., Mok C.Y. Comparative study on the quantum yield of direct photolysis of otganophosphorus pesticides in aqueous solution. J. Agric. Food Chem., 42 (1994) 2625-2630.

[77] Kochany J., Maguire R.J. Sunlight photodegradation of metolachlor in water. J. Agric. Food Chem., 42 (1994) 406-412.

[78] Legrini O., Oliveros E., Braun A.M. Photochemical processes for water treatment. Chem. Rev., 93 (1993) 671-698.

[79] Frank Lam L.Y., Xijun Hu. A high performance bimetallic catalyst for photo-Fenton oxidation of Orange II over a wide pH range. Catal. Commun., 8 (2007) 2125–2129.

[80] Ravichandran L., Selvam K., Swaminathan M. Photo-Fenton defluoridation of pentafluorobenzoic acid with UV-C light. J. Photochem. Photobiolo A: Chem., 188 (2007) 392–398.

[81] Lucas M.S., Peres J.A. Decolorization of the azo dye Reactive Black 5 by Fenton and photo-Fenton oxidation. Dyes Pigm., 71 (2006) 236–244.

[82] Pignatello J.J. Dark and photoassisted Fe3+-Catalyzed degradation of chlorophenoxy herbicides by hydrogen peroxide. Environ. Sci. Technol., 26 (1992) 944-951.

[83] Pignatello J.J., Liu D., Huston L.P. Evidence for an additional oxidant in the Photoassisted Fenton Reaction. Environ. Sci. Technol., 33 (1999) 1832-1839.

[84] Rodriguez M., Timokhin V., Michl F., Contreras S., Gimenez J., Esplugas S. The influence of different irradiation sources on the treatment of nitrobenzene. Catal. Today., 76 (2002) 291-300.

[85] Mazellier P., Rachel A., Mambo V., Journal of Photochemistry and Photobiology A: Chemistry, Volume 163, Issue 3, (2004) 389-393.

[86] Muruganandham M., Swaminathan M., Dyes and Pigments, Volume 62, Issue 3, (2004) 269-275.

[87] Ghiselli G., Jardim W. F., Litter M. I., Mansilla H.D., Journal of Photochemistry and Photobiology A: Chemistry, Volume 167, Issue 1, 1 (2004) 59-67.

[88] Malik P. K., Sanyal S. K., Separation and Purification Technology, Volume 36, Issue 3, (2004) 167-175.

[89] Legrini O., Oliveros E., Braun A. M., Chemical Review, volume 93, issue 2, (1993) 671- 698.

[90] Aleboyeh Y., Moussa H., Aleboyeh Dyes and Pigments, Volume 66, Issue 2, (2005) 129-134.

[91]Aziz S., Dumas S., El Azzouzi M., Sarakha M., Chovelon J.M., Photophysical and photochemical studies of thifensulfuron-methyl herbicide in aqueous solution Photochemistry and Photobiology A: Chemistry, 209, (2-3) (2010) 210-218.

[92]Chelme-Ayala P., Gamal El-Din M., Smith D.W., Degradation of bromoxynil and trifluralin in natural water by direct photolysis and UV plus H_2O_2 advanced oxidation process. Water Research, 44, 7 (2010) 2221-2228.

[93]Djebbar K. E., Zertal A., Debbache N., Sehili T., Comparison of Diuron degradation by direct UV photolysis and advanced oxidation processes . Environmental Management, 88, (4) (2008) 1505-1512.

[94]Mallakin A., Dixon D.G., Greenberg B.M., Pathway of anthracene modification under simulated solar radiation, Chemosphere 40 (2000) 1435-1441.

[95] Hoigné J., Chemistry of aqueous ozone and transformation of pollutants by ozone and advanced oxidation process. In: Hrubec J (Ed.), The Handbook of Environmental Chemistry (5) Part C, Quality and treatment of drinking water , Part II, Berlin: Springer, (1998).

[96] Herrmann J.M., Guillard C., M Arguello., Aguera A., Tejedor A., Piedra L., Fernandez- Alba A. Photocatalytic degradation of pesticide pirimiphos-methyl. Determination of the reaction

pathway and identification of intermediate products by various analytical methods. Catal. Today, 54 (1999) 353-367.

[97] Konstantinou K.I., Albanis A.T. Photocatalytic transformation of pesticides in aqueous titanium dioxide suspensions using artificial and solar light: Intermediates and degradation pathways. Appl. Catal. B : Environ., 42 (2003) 319-335.

[98] Chitour S. E., Chimie des surface, introduction à la catalyse, 2ème édition avec complément, (1981).

[99] Hermann J.M., Heterogeneous photocatalysis: fundamentals and applications to the removal of various types of aqueous pollutants. Catal. Today 53, (1999) 115–129.

[100] Konstantinou K.I., Albanis A.T., Photocatalytic transformation of pesticides in aqueous titanium dioxide suspensions using artificial and solar light: Intermediates and degradation pathways. Appl. Catal. B : Environ., 42 (2003) 319-335.

[101] Rumi Ishiki R., Ishiki H. M., Takashima K., Photocatalytic degradation of imazethapyr herbicide at TiO_2/H_2O interface. Chemosphere 58 (2005) 1461–1469.

[102] Shifu C., Yunzhang L., Study on the photocatalytic degradation of glyphosate by TiO_2 photocatalyst. Chemosphere 67 (2007) 1010–1017.

[103] Bacsa R.R., Kiwi J., Effect of rutile phase on the photocatalytic properties of nanocrystalline titania during the degradation of pcoumaric acid, Appl. Catal. B: Environ. 16 (1998) 19-29.

[104] Formenti M., Juillet F., Teichner S.J., Comptes Rendus de l'Académie des Sciences de Paris 270 (1970) 138-141.

[105] Muggli D.S., Ding L., Photocatalytic Performance of Sulfated TiO_2 and Degussa p-25 TiO_2 during Oxidation of Organics;Appl. Catal. B: Environ. 32 (2001) 181-194.

[106] Ohno T., Sarukawa K., Tokieda K., Matsumura M., Morphology of a TiO_2 Photocatalyst (Degussa, P-25) Consisting of Anatase and Rutile Crystalline Phases. J. Catal. 203 (2001) 82-86.

[107] Diebold U., The surface science of titanium dioxide, Surface Science Reports 48 (2003) 53-229.

Docteur   *El Yadini Adil*

[108] Bickley R.I., T. Gonzalez-Carreno, J.S. Lees, L. Palmisano, R.J.D. Tilley, A structural investigation of titanium dioxide photocatalysts. J. Solid State Chem. 92 (1991) 178–190.

[109] Ameta S. C., Ameta R., Vardia J., ALI Z., Photocatalysis : a frontier of photochemistry, Journal of India Chemistry Society, 76 (1999) 281-287.

[110] Yamazaki S., Matsunaga S., Hori K, Photocatalytic degradation of trichloroethylene in water using TiO_2 pellets, Water Research, 35(4) (2001) 1022-1028.

[111] Tanaka K., Capule M., Hisanaga T., Effect of crystallinity of TiO_2 on its photocatalytic action, Chemical Physics Letters, 187(1,2) (1991) 73-76.

[112] Rasaiah J., Hubbard J., Rubin R., Lee S. H., Kinetics of bimolecu recombination processes with trapping, Journal of Physical Chemistry, 94 (1990) 652-662.

[113] Yuksel I., Photocatalytic degradation of malonic acid in aqueous suspensions of TiO_2 : an initial kinetic investigation of CO_2 photogeneration, Journal of Photochemistry and Photobiology A: Chemistry, 96 (1996) 175-180.

[114] Rothenberger G., Moser J., Gratzel M., Serpone N., Sharma D. K., Charge carrier trapping and recombination dynamics in small semiconductor particles, Journal of American Chemical Society, 107 (1985) 8054-8059.

[115] Cunningham J., Sedlak P., Interrelationships between pollutant concentration, extent of adsorption, TiO_2 sensitized removal, photon flux and levels of electron or hole traping additives, Journal of Photochemistry and Photobiology A : Chemistry, 77 (1994) 255- 263.

[116] Brezova V., Blazkova A., Phenol decomposition using Mn+/TiO_2 photocatalysts supported by the sol-gel technic on glass fibers, Journal of Photochemistry and Photobiology A : Chemistry, 109 (1997) 177-183.

[117] Hachem C., Bocquillon F., Zahraa O., Bouchy M., Decolorization of textile I ndustry wastewater by the photocatalytic degradation process, Dyes and Pigments, 49 (2001) 117- 125.

[118] Tamura H., Katayama N., Furuichi R., Modeling of ion-exchange reactions on metal oxides with frumkin isotherm (1), Environmental Science & Technology, 30(4) (1996) 1198- 1204.

[119] Kormann C., Bahnemann D., Hoffmann M. R., Photolysis of chloroform and other organic molecules in aqueous TiO_2 suspensions, Environmental Science Technology, 25 (1991) 494-500,.

[120] Malato S. Solar detoxification, chapitre 4, Edition de l'UNESCO, (2002).

[121] Xi W., Geissen S. U., Separation of TiO_2 from photocatalytically treated water by cross-flow microfiltration, Water Research, 35(5) (2001) 1256-1262,

[122] Dionysiou D., Suidan M., Bekou E., Baudin I., Laine J., Effect of ionic strength and hydrogen peroxide on the photocatalytic degradation of 4-chlorobenzoic acid in water, Applied Catalysis B : Environmental, 26 (2000) 153-171.

[123] Muneer M., Theurich J., Bahnemann D., Formation of toxic intermediates upon the photocatalytic degradation of the pesticide diuron, Res. Chem. Intermed., 25(7) (1999) 667-683.

[124] Malato S., Blanco J., Richter C., Curco D., Gimenez J., Lowconcentrating CPC collectors for photocatalytic water detoxification: a comparison with a medium concentrating solar collector, Water Science Technology, 35 (4) (1997) 157-164.

[125] Cunningham J., Al-sayyed G., Sedlak P., Caffrey J., Aerobic and anaerobic TiO_2-photocatalysed purifications of waters contaning organic pollutants, Catalysis Today, 53 (1999) 145-158.

[126] Beydoun D., Amal R., Low G., McEVOY S., Role of nanoparticles in photocatalysis, Journal of Nanoparticle Rsearch, 1, (1999) 439-458,.

[127] Ollis D. F., Solar-assisted photocatalysis for water purification : issues, data, questions, Photochemical Conversion and Storage of Solar Energy, Kluwer Academic Publishers, (1991) 593-622.

[128] Blazkova A., Csolleova I., Brezova V., Effect of light sources on the phenol degradation using Pt/TiO_2 photocatalysts immobilized on glass fibres, Journal of Photochemistry and Photobiology A: Chemistry, 113 (1998) 251-256.

[129] Bard A. J., Faulkner L. R., Electrochimie : principes, méthodes et applications, Edition Masson, (1983).

[130] Palmisano L., Sclafani A., Thermodynamics and kinetics for heterogeneous photocatalytic processes, Heterogeneous Photocatalysis, Wiley series in photoscience and photoengineering, 3 (6), (1997) 109-132.

[131] Schindler K. M., KUNST M., Journal of Physical Chemistry, 94 (1990) 8222.

[132] Znaidi L., Seraphimova R., Bocquet J., Justin C., Pommier C., A semicontinuous process for the synthesis of nanosize TiO_2 powders and their use as photocatalysts, Materials Research Bulletin, 36 (2001) 811-825.

[133] Tamura H., Katayama N., Furuichi R., Modeling of ion-exchange reactions on metals oxides with the Frumkin isotherm, Environmental Science and Technology, 30 (4) (1996) 1198-1204.

[134] Bickley R.I., Carreno T.G., Lees J.S., Palmisano L., Tilley R.J.D., A structural investigation of titanium dioxide photocatalysts. J. Solid State Chem. 92, (1992) 178–190.

[135] McMurray T.A., Dunlop P.S.M., Byrne J.A., The photocatalytic degradation of atrazine on nanoparticulate TiO_2 films. Journal of Photochemistry and Photobiology A: Chemistry 182, (2006) 43–51.

[136] EL Hajjaji S., EL Yadini A., Dahchour A., EL Azzouzi M., Zouaoui A., M'rabet M., Phototransformation of organophosphorus pesticide in aqueous solution under irradiation light, *Trade Sci Inc*, 5 (Issue 6) (2010) .

[137] Ahmed S., Ollis D. F., "Solar Photoassisted catalytic decomposition of the chlorinated hydrocarbons Trichloroethylene and Trichloromethane," Solar Energy, 32 (5) (1984) 597-601.

[138] Yawalkar, A., Bhatkhande DS., Vishwas PG., Anthony Beenackers ACM., Solar-assisted photochemical and photocatalytic degradation of phenol, DOI: 10.1002/jctb.390, (2001).

[139] Bhatkhande DS., Vishwas PG., Anthony Beenackers ACM., Photocatalytic degradation for environmental applications, DOI: 10.1002/jctb.532 (2001).

[140] Dureja P. and Walia S., Chemical and photochemical transformation of fenamiphos,. Toxicol. Environ. Chem., 28(2-3) (1990) 189-194.

[141] Tajeddine L., Nemmaoui M., Mountacer, H. , Dahchour, A. , Sarakha, M., Photodegradation of fenamiphos on the surface of clays and soils. Environ Chem Lett, DOI: 10.1007/s10311-008-0198-2, (2009).

[142] Fiderman M.M, José Ángel C.M, Effect of the initial pH and the catalyst concentration on TiO$_2$-based photocatalytic degradation of three commercial pesticides. Ingeniería & Desarrollo., 29(1) (2011) 84-100.

[143] Mathieu, D., Phan Tan Luu, R., L.P.R.A.I., Université d'Aix-Marseille, France, NEMROD Sftoware (version 3), (1995).

[144] Goupy J, La Méthode des Plans D'expériences, DUNOD, Paris, (1996) pp.9–27.

[145] El Yadini A., Hamid S., El Azzouzi M., El Fakir L., Birich B., Schmitt-kopplin P., Harir M. & El Hajjaji S., Etude de l'influence de différents paramètres sur la dégradation du phénamiphos en milieux aqueux par la méthodologie de la recherche expérimentale. Sciences fondamentales, Chimie. Volume 5 (2013).

[146] Goupy J, Traité d'Analyse et caractérisation: Techniques de l'ingénieur, Editions Techniques d'Ingénieur (ETI), vol. 4, pp. PE 230/1–PE230/26.

[147] Tragneg, U. K., Suiclan, M. T., Water Res. 23 (1989) 267-273.

[148] Belmouden, M., Assabbane, A., Ait-Ichou, Y., J. Environ. Monit. 2 (2000) 257-260.

[149] Malato S., Blanco J., Caceres J., Fernandez A.R., Aguera A., Rodriguez A., Photocatalytic treatment of water-soluble pesticides by photo-fenton and TiO$_2$ using solar energy, Catal. Today. 76 (2002) 209-220.

[150] Blanco J., Malato S., Fernández P., Vidal A., Morales A., Trincado P., Oliveira J. C., Minero C., Musci M., Casalle C. , Brunotte M., Tratzky S., Dischinger N., Funken K.-H., C. Sattler M. Vincent M. Collares-Pereira, Mendes J. F, Rangel C.M.. Compound parabolic concentrator technology development to commercial solar detoxification applications. Solar Energy, 67(4-6) (2000) 317-330.

[151] Blanco J., Malato S., Las Nieves F. J., Fernandez P., Sedimentation for coloidal semicondictor particles. CIEMAT and University of Almeria-Spain.EU Patent P9902508. (1999).

[152] Stafford U., Gray A., Kamat P. V., Varma A., Une recherche in situ su la dégradation photocatalytique du 4-chlorophénol sur une surface de la poudre par la spéctroscopie FTIR. Chem. Phys. Lett. 205 (1993) 55.

[153] Yu J. C., Ho W., Lin J., Yip H., Wong P. K., Phoocatalitic activity, antibacterial effect and photoinduced hydrophilicity of TiO_2 films coated on a stainless steel substrate. Environ. Sci. Technol. 37 (2003) 2296.

[154] Lichtin N. N, Avudaithai M., Berman E., Dong J., Photocatalytic oxidative degradation of vapours of some organic compound over TiO_2. Res. Chem. Intermediates. 20 (1994) 755.

[155] Larson S. A., Widegren A., Falconer J. L., Transient studies of 2-propanol photocatalytic oxidation in titania. J. Catal. 157 (1995) 611.

[156] Goswami D. Y., Trivedi D. M., and Block S. S., "Photocatalytic disinfection of indoor air," Journal of Solar Energy Engineering, Transactions of the ASME, 119 (1997) 92–96.

[157] Guillard C., Lachheb H., Houas A., Ksibi M., Elaloui E. and Herrmann J.M., "Influence of Chemical Structure of Dyes, of pH and of Inorganic Salts on Their Photocatalytic Degradation by TiO_2 Comparison of the E ciency of Powder and Supported TiO_2 ", J. Photochem. Photobiol. A Chem.,158 (2003) 27-36.

[158] Shifu C., Xueli C., Yaowu T., Mengyune Z., Photocatalytic degradation of trace gaseous acetone and acetaldehyde using TiO_2 supported on fiberglass cloth. J. Chem. Tech. Biotech. 73 (1998) 264.

[159] Enriquez R., Pichat P., Langmuir. 17 (2001) 6132-6137.

[160] Chergui – Bouafia S., et Alloune R., Procédé d'oxydation avancée pour le traitement des eaux usées: Principe et applications, Revue des Energies Renouvelables ICRESD-07 Tlemcen (2007) 163 – 170.

[161] Edelahi M., 'Contribution à l'Etude de Dégradation in situ des Pesticides par Procédés d'Oxydation Avancés Faisant Intervenir le Fer.Application aux Herbicides Phénylurées', Thèse de Doctorat, Université de Marne-La-Vallée, (2004).

[162] Yu H, Wang S. effects of water content and pH on gel-derived TiO_2-SiO_2. J Non-Crystal Solids; 261 (2000) 260-7.

[163] Akiyama Y., Yoshioka N., Ichihashi K., Study of pesticide residues in agricultural products towards the "positive list" system. Journal of the Food Hygienic Society of Japan, 46 (6) (2005) 305-318.

[164] Aulakh R. S., Gill J. P. S., Bedi J. S., Sharma J. K., Joia B. S., Ockerman H., Organochlorine pesticide residues in poultry feed, chicken muscle and eggs at a poultry farm in Punjab, India. Journal of the science of food and agriculture, 86 (2006) 741-744.

[165] Tsakiris I. N. Toutoudaki M., Nikitovic D. P., Danis T. G., Stratis I. A., Tsatsakis A. M., Field study for degradation of methyl parathion in apples cultivated with integrated pest management system. Bulletin of environmental contamination and toxicology, 69 (6) (2002) 771-778.

www.ingramcontent.com/pod-product-compliance
Lightning Source LLC
Chambersburg PA
CBHW021058210326
41598CB00016B/1250